章・節	項目	学習日 月／日	問題番号＆チェック	メモ	検印
3章1節	1	／	56　57　58		
	2	／	59　60		
	3	／	61　62　63　64		
	ステップアップ	／	練習 11　12　13		
3章2節	1	／	65　66		
	2	／	67　68		
	3	／	69　70		
	4	／	71		
	5	／	72　73　74		
	6	／	75　76		
	ステップアップ	／	練習 14　15		
3章3節	1	／	77　78		
付録	1	／	79　80　81　82		
	2	／	83		
	3	／	84　85　86　87　88　89		
	4	／	90　91　92		
	ステップアップ	／	練習 16　17　18		

JN109062

学習記録表の使い方

- 「学習日」の欄には，学習した日付を記入しましょう。
- 「問題番号＆チェック」の欄には，以下の基準を参考に，問題番号に○，△，×をつけましょう。
    - ○：正解した，理解できた
    - △：正解したが自信がない
    - ×：間違えた，よくわからなかった
- 「メモ」の欄には，間違えたところや疑問に思ったことなどを書いておきましょう。復習のときは，ここに書いたことに気をつけながら学習しましょう。
- 「検印」の欄は，先生の検印欄としてご利用いただけます。

基本事項のまとめ

角と平行線

● 対頂角は等しい。

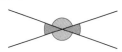

● 2つの直線が平行ならば，
①同位角は等しい。　②錯角は等しい。

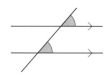 

三角形の合同条件

● 3辺がそれぞれ等しい。

 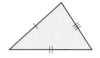

● 2辺とその間の角がそれぞれ等しい。

● 1辺とその両端の角がそれぞれ等しい。

直角三角形の合同条件

● 斜辺と他の1辺がそれぞれ等しい。

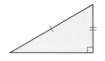 

● 斜辺と1つの鋭角がそれぞれ等しい。

三角形の内角と外角

● 三角形の内角の和は 180°
● 三角形の外角は，その隣
りにない2つの内角の和
に等しい。

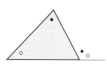

二等辺三角形の性質

● 2つの底角は等しい。
● 頂角の二等分線は，底
辺を垂直に2等分する。

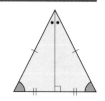

弧と弦

● **弧**……円周上の2点を両
端とする円周の一
部分
● **弦**……円周上の2点をむ
すぶ線分

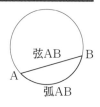

円と直角

● 直径に対する円周角は直
角である。

● 円の接線は，その接点を
通る半径に垂直である。

● 弦の垂直二等分線は，円
の中心を通る。

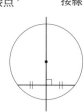

もくじ _____ contents

1章 場合の数

1節 数え上げの原則
1 集合 ……………………………… 4
2 集合の要素の個数 ……………… 6
3 樹形図 …………………………… 9
4 和の法則 ………………………… 10
5 積の法則 ………………………… 11
ステップアップ …………………… 13

2節 順列・組合せ
1 順列 ……………………………… 14
2 順列の利用 ……………………… 16
3 重複順列，円順列 ……………… 18
4 組合せ …………………………… 19
5 組合せの利用 …………………… 21
6 同じものを含む順列 …………… 23
ステップアップ …………………… 25

2章 確率

1節 確率の基本性質といろいろな確率
1 事象と確率 ……………………… 30
2 確率の基本的な性質 …………… 33
3 余事象の確率 …………………… 36
4 独立な試行の確率 ……………… 37
5 反復試行の確率 ………………… 38
6 条件つき確率 …………………… 40
7 期待値 …………………………… 42
ステップアップ …………………… 44

3章 図形の性質

1節 三角形の性質
1 三角形と比 ……………………… 48
2 角の二等分線と線分の比 ……… 50
3 三角形の外心・内心・重心 …… 52
ステップアップ …………………… 55

2節 円の性質
1 円周角の定理 …………………… 58
2 円に内接する四角形 …………… 60
3 円と接線 ………………………… 62
4 円の接線と弦の作る角 ………… 63
5 方べきの定理 …………………… 64
6 2つの円 ………………………… 66
ステップアップ …………………… 68

3節 空間図形
1 空間における直線・平面の位置関係 ‥ 70

付録 整数の性質

1 倍数の判定 ……………………… 72
2 余りによる自然数の分類 ……… 74
3 ユークリッドの互除法 ………… 75
4 2進法 …………………………… 79
ステップアップ …………………… 81

解答 ………………………………… 84

問題総数 313題

例79題，基本問題130題，標準問題54題，考えてみよう14題，例題18題，練習18題

この問題集で学習するみなさんへ

　本書は，教科書「新編数学A」に内容や配列を合わせてつくられた問題集です。教科書の完全な理解と，技能の定着をはかることをねらいとし，基本事項から段階的に学習を進められる展開にしました。また，類似問題の反復練習によって，着実に内容を理解できるようにしました。

　学習項目は，教科書の配列をもとに内容を細かく分けています。また，各項目の構成要素は以下の通りです。

> KEY では定義や公式などの基本事項を簡潔にまとめました。

> KEY の内容の典型的な例を，問題文＋解答の形式で示しました。

> 「KEY→例→問題」を基本構成としました。

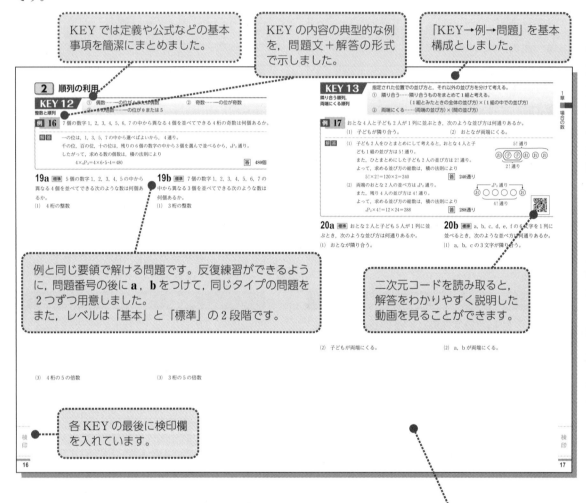

> 例と同じ要領で解ける問題です。反復練習ができるように，問題番号の後に **a**，**b** をつけて，同じタイプの問題を2つずつ用意しました。
> また，レベルは「基本」と「標準」の2段階です。

> 二次元コードを読み取ると，解答をわかりやすく説明した動画を見ることができます。

> 各 KEY の最後に検印欄を入れています。

3章の ウォーミングアップ

> 一部の章には，既習事項が復習できる Web アプリがあります。

> 問題の下の空欄は解答を直接書き込むためのものです。解答の書き方も練習しましょう。また，間違えたときは誤りを消さずに残しておいて，正しい答えや気づきを書き加えておきましょう。どこで間違えたかを確認して，同じミスをしないように気をつけましょう。

> 学習内容をより深く考えたり，いろいろな見方・考え方を身につけたりするための課題です。

> **考えてみよう 9** 平行四辺形 ABCD を対角線 AC で折って，点Bの移った点をEとする。このとき，4点 A，C，D，E は同一円周上にあるか考えてみよう。

ステップアップ

例題 7　優勝する確率

野球チームAとBが対戦し，先に3勝した方を優勝とする。AチームがBチームに勝つ確率は $\dfrac{1}{3}$ で，引き分けはないとするとき，次の確率を求めよ。

(1) 4試合目でAチームが優勝する確率　　(2) Aチームが優勝する確率

【ガイド】(1) 3試合目までに，Aが優勝同数になっていなければならないかを考える。
(2) Aが優勝するまでの試合数で場合分けする。

解答 (1) 4試合目でAが優勝するには，3試合目までに2勝1敗で，4試合目に勝てばよいから，求める確率は
$${}_3C_2\left(\dfrac{1}{3}\right)^2\dfrac{2}{3}\times\dfrac{1}{3}=\dfrac{2}{27}$$

(2) (1)の場合以外にAが優勝するまでの試合数は，3試合と5試合の場合がある。

3試合目でAが優勝する確率は $\left(\dfrac{1}{3}\right)^3=\dfrac{1}{27}$ ◀1試合目から3連勝する。

5試合目でAが優勝する確率は ${}_4C_2\left(\dfrac{1}{3}\right)^2\left(\dfrac{2}{3}\right)^2\times\dfrac{1}{3}=\dfrac{8}{81}$ ◀4試合目までに2勝2敗で，5試合目に勝つ。

これらの事象は互いに排反であるから，求める確率は
$$\dfrac{1}{27}+\dfrac{2}{27}+\dfrac{8}{81}=\dfrac{17}{81}$$

練習 7　バレーボールのチームAとBが試合をし，先に2セットをとったチームの勝ちとする。Aチームがセットをとる確率が $\dfrac{3}{5}$ であるとき，Aチームが試合に勝つ確率を求めよ。

例題 8　数直線上を移動する点についての確率

数直線上の原点Oを出発点として動く点Pがある。1枚の硬貨を投げて，表が出たときは +1 だけ移動し，裏が出たときは −1 だけ移動する。硬貨を5回投げるとき，点Pの座標が −1 である確率を求めよ。

【ガイド】表が出る回数を求め，反復試行の確率を計算する。

解答 硬貨を5回投げて表が出る回数を x とすると，裏が出る回数は $5-x$ である。

5回投げたとき，点Pの座標は $1\times x+(-1)\times(5-x)=2x-5$
点Pの座標が −1 であるから $2x-5=-1$
これを解いて $x=2$
よって，点Pの座標が −1 となるのは，表が2回，裏が3回出たときである。

したがって，求める確率は ${}_5C_2\left(\dfrac{1}{2}\right)^2\left(\dfrac{1}{2}\right)^3=\dfrac{5}{16}$

練習 8　数直線上の原点Oを出発点として動く点Pがある。さいころを投げて，4以下の目が出たときは +1 だけ移動し，5または6の目が出たときは −1 だけ移動する。さいころを6回投げるとき，次の確率を求めよ。

(1) 点Pが原点にある確率

検印 44

2章 確率

検印 45

巻末には略解があるので，自分で答え合わせができます。詳しい解答は別冊で扱っています。

また，巻頭にある「学習記録表」に学習の結果を記録して，見直しのときに利用しましょう。間違えたところや苦手なところを重点的に学習すれば，効率よく弱点を補うことができます。

◆学習支援サイト「プラスウェブ」のご案内

本書に掲載した二次元コードのコンテンツをパソコンで見る場合は，以下のURLからアクセスできます。

https://dg-w.jp/b/7d00001

注意　コンテンツの利用に際しては，一般に，通信料が発生します。
先生や保護者の方の指示にしたがって利用してください。

1 集 合

KEY 1
集合の表し方

集合の表し方には，次の 2 つの方法がある。
① { } の中に要素を書き並べる。　　② { } の中に要素の満たす条件を書く。

例 1 集合 $A=\{x\mid x$ は18の正の約数$\}$ を，要素を書き並べる方法で表せ。

解答 $A=\{1,\ 2,\ 3,\ 6,\ 9,\ 18\}$

1a 基本 次の集合を，要素を書き並べる方法で表せ。

$A=\{x\mid x$ は36の正の約数$\}$

1b 基本 次の集合を，要素を書き並べる方法で表せ。

$A=\{x\mid x$ は50以下の自然数で 8 の倍数$\}$

検印

KEY 2
部分集合

2 つの集合 A, B について，A の要素がすべて B の要素になっているとき，A は B の部分集合であるといい，$A \subset B$ で表す。

例 2 $A=\{2,\ 4,\ 6,\ 8,\ 10\}$, $B=\{2,\ 4,\ 10\}$ のとき，2 つの集合 A, B の関係を，記号 $\subset$ を用いて表せ。

解答 B の要素は，すべて A の要素であるから　　$B \subset A$

2a 基本 次の 2 つの集合 A, B の関係を，記号 $\subset$ を用いて表せ。

$A=\{1,\ 2,\ 3,\ 5,\ 6,\ 8\}$, $B=\{2,\ 5,\ 8\}$

2b 基本 次の 2 つの集合 A, B の関係を，記号 $\subset$ を用いて表せ。

$A=\{x\mid x$ は自然数で，$x<5\}$,
$B=\{x\mid x$ は整数で，$-3\leqq x\leqq 5\}$

検印

KEY 3
共通部分と和集合

共通部分 $A \cap B$…集合 A と B の両方に属する要素の集合
和集合 $A \cup B$……集合 A と B の少なくとも一方に属する要素の集合

例 3 2 つの集合 $A=\{2,\ 4,\ 6,\ 8,\ 10\}$, $B=\{3,\ 4,\ 8\}$ について，$A \cap B$ と $A \cup B$ を求めよ。

解答 $A \cap B=\{4,\ 8\}$
$A \cup B=\{2,\ 3,\ 4,\ 6,\ 8,\ 10\}$

3a 基本 次の集合 A, Bについて，$A \cap B$と $A \cup B$を求めよ。

$$A = \{1,\ 2,\ 3,\ 4,\ 5\},\ B = \{1,\ 3,\ 5,\ 7,\ 9\}$$

3b 基本 次の集合 A, Bについて，$A \cap B$と $A \cup B$を求めよ。

$$A = \{x \mid x \text{ は}15\text{の正の約数}\},$$
$$B = \{x \mid x \text{ は}30\text{の正の約数}\}$$

KEY 4

補集合

全体集合Uの部分集合をAとするとき，Uの要素であってAの要素でないものの集合をAの補集合といい，$\overline{A}$で表す。

例 4 全体集合を $U = \{x \mid x \text{ は}1\text{桁の自然数}\}$ とする。

$A = \{1,\ 3,\ 5,\ 7,\ 9\}$, $B = \{4,\ 5,\ 6,\ 7\}$ について，次の集合を求めよ。

(1) $\overline{A}$ (2) $\overline{A \cup B}$

解答 (1) $U = \{1,\ 2,\ 3,\ 4,\ 5,\ 6,\ 7,\ 8,\ 9\}$ であるから

$$\overline{A} = \{\mathbf{2,\ 4,\ 6,\ 8}\}$$

(2) $A \cup B = \{1,\ 3,\ 4,\ 5,\ 6,\ 7,\ 9\}$ であるから

$$\overline{A \cup B} = \{\mathbf{2,\ 8}\}$$

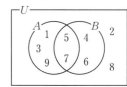

4a 基本 全体集合を $U = \{x \mid x \text{ は}10\text{以下の自然数}\}$ とする。

$$A = \{2,\ 4,\ 6,\ 8,\ 10\},$$
$$B = \{4,\ 5,\ 8\}$$

について，次の集合を求めよ。

(1) $\overline{A}$

(2) $\overline{B}$

(3) $\overline{A \cup B}$

4b 基本 全体集合を $U = \{x \mid x \text{ は}30\text{の正の約数}\}$ とする。

$$A = \{5,\ 10,\ 15,\ 30\},$$
$$B = \{2,\ 3,\ 5,\ 6,\ 10,\ 15\}$$

について，次の集合を求めよ。

(1) $\overline{A}$

(2) $\overline{B}$

(3) $\overline{A \cap B}$

2 集合の要素の個数

KEY 5
集合の要素の個数

集合Aの要素の個数を $n(A)$ で表す。
① 和集合の要素の個数　　$n(A \cup B) = n(A) + n(B) - n(A \cap B)$
　とくに，$A \cap B = \varnothing$ のとき　　$n(A \cup B) = n(A) + n(B)$
② 補集合の要素の個数　　$n(\overline{A}) = n(U) - n(A)$

例 5 $A = \{x \mid x \text{ は1桁の自然数}\}$，$B = \{x \mid x \text{ は20の正の約数}\}$ のとき，$n(A \cup B)$ を求めよ。

解答 $A = \{1, 2, 3, 4, 5, 6, 7, 8, 9\}$，$B = \{1, 2, 4, 5, 10, 20\}$，$A \cap B = \{1, 2, 4, 5\}$
であるから　　$n(A) = 9$，$n(B) = 6$，$n(A \cap B) = 4$
したがって　　$n(A \cup B) = n(A) + n(B) - n(A \cap B) = 9 + 6 - 4 = \mathbf{11}$

5a 基本 $A = \{x \mid x \text{ は1桁の自然数}\}$，
$B = \{x \mid x \text{ は30の正の約数}\}$ のとき，次の集合の要素の個数を求めよ。
(1) B

(2) $A \cup B$

5b 基本 $A = \{x \mid x \text{ は20以下の正の偶数}\}$，
$B = \{x \mid x \text{ は36の正の約数}\}$ のとき，次の集合の要素の個数を求めよ。
(1) A

(2) $A \cup B$

例 6 30以下の自然数のうち，4で割り切れない数は何個あるか。

解答 全体集合Uは30以下の自然数の集合であるから　　$n(U) = 30$
30以下の自然数のうち，4の倍数の集合をAとすると，$A = \{4 \cdot 1, 4 \cdot 2, \cdots\cdots, 4 \cdot 7\}$ であるから
　　$n(A) = 7$
4で割り切れない数の集合は $\overline{A}$ で表されるから
　　$n(\overline{A}) = n(U) - n(A) = 30 - 7 = 23$
答 23 個

6a 基本 50以下の自然数のうち，6で割り切れない数は何個あるか。

6b 基本 100以下の自然数のうち，8で割り切れない数は何個あるか。

KEY 6
共通部分と和集合の要素の個数

k の倍数の集合を A，ℓ の倍数の集合を B とする。
① k の倍数かつ ℓ の倍数の集合は，$A \cap B$
k と ℓ の最小公倍数を m とすると，$A \cap B$ は m の倍数の集合である。
② k の倍数または ℓ の倍数の集合は，$A \cup B$
$n(A \cup B) = n(A) + n(B) - n(A \cap B)$ を利用して個数を求める。

例 7 50以下の自然数のうち，次のような数は何個あるか。

(1) 3 の倍数かつ 5 の倍数　　　　(2) 3 の倍数または 5 の倍数

解答 (1) 50以下の自然数のうち，3 の倍数の集合を A，5 の倍数の集合を B とすると，
3 の倍数かつ 5 の倍数の集合は15の倍数の集合で，$A \cap B$ で表される。　　◀3と5の最小公倍数は15
$$A \cap B = \{15 \cdot 1,\ 15 \cdot 2,\ 15 \cdot 3\}$$
であるから，求める数の個数は　$n(A \cap B) = 3$　　**答** 3 個

(2) $A = \{3 \cdot 1,\ 3 \cdot 2,\ \cdots\cdots,\ 3 \cdot 16\}$ であるから　$n(A) = 16$
$B = \{5 \cdot 1,\ 5 \cdot 2,\ \cdots\cdots,\ 5 \cdot 10\}$ であるから　$n(B) = 10$
3 の倍数または 5 の倍数の集合は $A \cup B$ で表されるから，求める数の個数は
$$n(A \cup B) = n(A) + n(B) - n(A \cap B) = 16 + 10 - 3 = 23$$
答 23個

7a 標準 100以下の自然数のうち，次のような数は何個あるか。

(1) 3 の倍数かつ 7 の倍数

(2) 3 の倍数または 7 の倍数

7b 標準 100以下の自然数のうち，次のような数は何個あるか。

(1) 4 の倍数かつ 6 の倍数

(2) 4 の倍数または 6 の倍数

KEY 7

**ド・モルガンの法則
と集合の要素の個数**

ド・モルガンの法則から
$$n(\overline{A \cup B}) = n(\overline{A} \cap \overline{B}), \qquad n(\overline{A \cap B}) = n(\overline{A} \cup \overline{B})$$

例 8 40人の生徒のうち，数学の好きな生徒は20人，国語の好きな生徒は25人，どちらも好きな生徒は12人であった。このとき，次の人数を求めよ。

(1) 数学または国語が好きな生徒　　　　(2) 数学も国語も好きでない生徒

解答 40人の生徒の集合を全体集合 U，数学が好きな生徒の集合を A，国語が好きな生徒の集合を B とすると

$$n(U) = 40, \ n(A) = 20, \ n(B) = 25, \ n(A \cap B) = 12$$

(1) 数学または国語が好きな生徒の集合は $A \cup B$ であるから，求める

人数は　　$n(A \cup B) = n(A) + n(B) - n(A \cap B) = 20 + 25 - 12 = 33$

答 33人

(2) 数学も国語も好きでない生徒の集合は $\overline{A} \cap \overline{B}$ であるから，求める

人数は　　$n(\overline{A} \cap \overline{B}) = n(\overline{A \cup B}) = n(U) - n(A \cup B) = 40 - 33 = 7$

答 7人

8a 標準 100人の生徒のうち，野球の好きな生徒は56人，サッカーの好きな生徒は63人，どちらも好きな生徒は34人であった。このとき，次の人数を求めよ。

(1) 野球またはサッカーが好きな生徒

(2) 野球もサッカーも好きでない生徒

8b 標準 60以下の自然数のうち，次のような数は何個あるか。

(1) 3または5で割り切れる数

(2) 3でも5でも割り切れない数

3 樹形図

KEY 8
樹形図

起こり得るすべての場合を，もれがなく，重複することもないように数えるには，樹形図を用いると考えやすい。

例 9 4個の数字1，1，2，3の中から3個を並べてできる3桁の整数は何個あるか。

解答 百の位の数から順に考えて樹形図をかくと，右のようになる。
したがって，求める整数の個数は**12個**である。

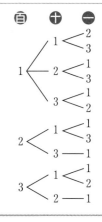

9a 基本 5個の数字1，2，2，3，3の中から3個を並べてできる3桁の整数は何個あるか。

9b 基本 100円，50円，10円の硬貨がたくさんある。この3種類の硬貨を使って，230円支払う方法は何通りあるか。ただし，使わない硬貨があってもよいとする。

考えてみよう 1 例9において，4個を並べてできる4桁の整数は何個あるか求めてみよう。

4 和の法則

同時に起こらない2つの事柄 A，B があるとする。A の起こり方が a 通り，B の起こり方が b 通りあるとき，A または B の起こる場合の数は，$a+b$ 通りある。
和の法則は，3つ以上の事柄についても成り立つ。

例 10 大，小2個のさいころを同時に投げるとき，目の和が5または11になる場合は何通りあるか。

解答 目の和が5になる場合は4通りあり，目の和が11になる場合は2通りある。

目の和が5になる場合と11になる場合が同時に起こることはないから，
求める場合の数は　　4＋2＝6　　　　　**答** 6通り

◀目の和が5

大	1	2	3	4
小	4	3	2	1

目の和が11

大	5	6
小	6	5

10a 基本 大，小2個のさいころを同時に投げるとき，目の和が7または10になる場合は何通りあるか。

10b 基本 大，小2個のさいころを同時に投げるとき，目の和が6の倍数になる場合は何通りあるか。

11a 基本 大，小2個のさいころを同時に投げるとき，目の和が8の正の約数になる場合は何通りあるか。

11b 基本 1から10までの番号が書かれた10枚のカードの中から同時に2枚を取り出すとき，取り出した2枚の番号の和が5の倍数になる場合は何通りあるか。

5 積の法則

2つの事柄 A，B があって，A の起こり方が a 通りあり，そのそれぞれに対して B の起こり方が b 通りずつあるとき，A，B がともに起こる場合の数は，$a \times b$ 通りある。積の法則は，3つ以上の事柄についても成り立つ。

例 11 ある売場には3種類の包装紙と4種類のリボンがある。包装紙とリボンをそれぞれ1種類ずつ選ぶとき，選び方は何通りあるか。

解答 積の法則により，求める場合の数は　　$3 \times 4 = 12$　　**答** 12通り

12a 基本 ある店にはハンバーガーが6種類，飲み物が5種類用意されている。それぞれ1種類ずつ選ぶとき，選び方は何通りあるか。

12b 基本 大，小2個のさいころを同時に投げるとき，目の出方は何通りあるか。

13a 基本 くつが4種類，ぼうしが2種類，ベルトが3種類ある。それぞれ1種類ずつ選んで着るとき，着方は何通りあるか。

13b 基本 1年生5人，2年生6人，3年生7人の中から各学年1人ずつを選ぶとき，選び方は何通りあるか。

14a 標準 次の式を展開して得られる項の個数を求めよ。

$$(a+b)(c+d+e)$$

14b 標準 大，小2個のさいころを同時に投げるとき，目の積が奇数になる場合は何通りあるか。

考えてみよう 2 A町からB町へは3本の道があり，B町からC町へは4本の道がある。A町からB町を通ってC町へ行き，C町からB町を通って再びA町に戻る方法は何通りあるだろうか。次の場合について求めてみよう。

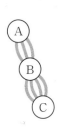

(1) 帰りに行きと同じ道を通ってもよい場合

(2) 帰りは行きと同じ道を通らない場合

例 12 392の正の約数は何個あるか。

解答 392を素因数分解すると

$$392 = 2^3 \times 7^2$$

392の約数は，2^3 の約数と 7^2 の約数との積で表される。

2^3 の正の約数は，1，2，2^2，2^3 の4個

7^2 の正の約数は，1，7，7^2 の3個

よって，392の正の約数の総数は，積の法則により

$$4 \times 3 = 12$$

答 12個

3個

4 個	1	7	7^2
1	1	7	49
2	2	14	98
2^2	4	28	196
2^3	8	56	392

```
2)392
2)196
2) 98
7) 49
    7
```

15a 標準 108の正の約数は何個あるか。

15b 標準 135の正の約数は何個あるか。

考えてみよう 3 300の正の約数の個数を求めてみよう。

検印

例題 1 約数の総和

72の正の約数の総和を求めよ.

【ガイド】 自然数 N を素因数分解して, $p^a q^b$ となるとき

$$(1+p+\cdots+p^a)(1+q+\cdots+q^b)$$

を展開するとすべての項が現れる.

	1	3	3^2
1	$1\cdot1$	$1\cdot3$	$1\cdot3^2$
2	$2\cdot1$	$2\cdot3$	$2\cdot3^2$
2^2	$2^2\cdot1$	$2^2\cdot3$	$2^2\cdot3^2$
2^3	$2^3\cdot1$	$2^3\cdot3$	$2^3\cdot2^2$

解 答 72 を素因数分解すると $\quad 72=2^3\times3^2$

2^3 の正の約数は $\quad 1,\ 2,\ 2^2,\ 2^3$

3^2 の正の約数は $\quad 1,\ 3,\ 3^2$

であるから, 72の正の約数は $(1+2+2^2+2^3)(1+3+3^2)$ を

展開すると, すべての項が現れる.

よって, 求める総和は

$$(1+2+2^2+2^3)(1+3+3^2)=15\times13=\mathbf{195}$$

◀ $(1+2+2^2+2^3)(1+3+3^2)$
$=1\cdot1+1\cdot3+1\cdot3^2+2\cdot1+2\cdot3+2\cdot3^2$
$+2^2\cdot1+2^2\cdot3+2^2\cdot3^2+2^3\cdot1+2^3\cdot3+2^3\cdot3^2$

練習 1 次の自然数の正の約数の総和を求めよ.

(1) 100

(2) 60

1 順 列

KEY 11
順列の総数　$_nP_r$

異なる n 個のものから異なる r 個のものを取り出して 1 列に並べたものを，n 個から r 個取る順列といい，その総数を $_nP_r$ で表す。

$$_nP_r = \underbrace{n(n-1)(n-2)\cdots\cdots(n-r+1)}_{r\text{個の積}} \qquad \text{ただし} \quad n \geqq r$$

$$_nP_n = n! = \underbrace{n(n-1)(n-2)\cdots\cdots 3\cdot 2\cdot 1}_{n\text{個の積}}$$

例 13 $_8P_3$ の値を求めよ。

解答　$_8P_3 = 8\cdot 7\cdot 6 = 336$

16a 基本 次の値を求めよ。

(1) $_3P_2$

(2) $_7P_4$

(3) $_{10}P_1$

(4) $_5P_3 \times _6P_2$

16b 基本 次の値を求めよ。

(1) $_6P_4$

(2) $_{11}P_3$

(3) $_3P_3$

(4) $_8P_2 \times _4P_1$

例 14 次の値を求めよ。

(1) $\dfrac{6!}{4!}$ 　　　　　　　(2) $\dfrac{7!}{5!\times 2!}$

解答 (1) $\dfrac{6!}{4!}=\dfrac{6\cdot 5\cdot 4\cdot 3\cdot 2\cdot 1}{4\cdot 3\cdot 2\cdot 1}=6\cdot 5=\mathbf{30}$

(2) $\dfrac{7!}{5!\times 2!}=\dfrac{7\cdot 6\cdot 5\cdot 4\cdot 3\cdot 2\cdot 1}{5\cdot 4\cdot 3\cdot 2\cdot 1\times 2\cdot 1}=\dfrac{7\cdot 6}{2\cdot 1}=\mathbf{21}$

17a 基本 次の値を求めよ。

(1) $7!$

(2) $\dfrac{9!}{6!}$

17b 基本 次の値を求めよ。

(1) $4!\times 2!$

(2) $\dfrac{8!}{5!\times 3!}$

例 15 12人の中から議長，副議長，書記の3人を選ぶ方法は何通りあるか。

解答 12個から3個取る順列であるから

$_{12}P_3=12\cdot 11\cdot 10=1320$

答 1320 通り

18a 基本 次のものは何通りあるか。

(1) 7人の中から走る順番を考えて，4人のリレー走者を選ぶ方法

(2) a, b, c, d, e の5文字全部を1列に並べる方法

18b 基本 次のものは何通りあるか。

(1) さいころを3回投げるとき，すべての目の数が異なるような目の出方

(2) 6個の商品を1列に並べる方法

検
印

KEY 12
整数と順列

① 偶数……一の位が 0 または偶数 　　 ② 奇数……一の位が奇数
③ 5 の倍数……一の位が 0 または 5

例 16 7 個の数字 1, 2, 3, 4, 5, 6, 7 の中から異なる 4 個を並べてできる 4 桁の奇数は何個あるか。

解答 一の位は，1, 3, 5, 7 の中から選べばよいから，4 通り。

千の位，百の位，十の位は，残りの 6 個の数字の中から 3 個を選んで並べるから，$_6P_3$ 通り。

したがって，求める数の個数は，積の法則により

$$4 \times _6P_3 = 4 \times 6 \cdot 5 \cdot 4 = 480$$

答 480 個

19a 標準 5 個の数字 1, 2, 3, 4, 5 の中から異なる 4 個を並べてできる次のような数は何個あるか。

(1) 4 桁の整数

(2) 4 桁の偶数

(3) 4 桁の 5 の倍数

19b 標準 7 個の数字 1, 2, 3, 4, 5, 6, 7 の中から異なる 3 個を並べてできる次のような数は何個あるか。

(1) 3 桁の整数

(2) 3 桁の奇数

(3) 3 桁の 5 の倍数

KEY 13

**隣り合う順列,
両端にくる順列**

指定された位置での並び方と,それ以外の並び方を分けて考える。
① 隣り合う……隣り合うものをまとめて1組と考える。
　　　　　(1組とみたときの全体の並び方)×(1組の中での並び方)
② 両端にくる……(両端の並び方)×(間の並び方)

例 17 おとな4人と子ども2人が1列に並ぶとき,次のような並び方は何通りあるか。

(1) 子どもが隣り合う。　　　　　　(2) おとなが両端にくる。

解答 (1) 子ども2人をひとまとめにして考えると,おとな4人と子
ども1組の並び方は5!通り。
また,ひとまとめにした子ども2人の並び方は2!通り。
よって,求める並び方の総数は,積の法則により
$$5! \times 2! = 120 \times 2 = 240$$
答 240通り

(2) 両端のおとな2人の並べ方は $_4P_2$ 通り。
また,残り4人の並び方は4!通り。
よって,求める並び方の総数は,積の法則により
$$_4P_2 \times 4! = 12 \times 24 = 288$$
答 288通り

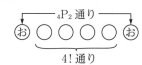

20a 標準 おとな2人と子ども5人が1列に並ぶとき,次のような並び方は何通りあるか。

(1) おとなが隣り合う。

20b 標準 a, b, c, d, e, f の6文字を1列に並べるとき,次のような並べ方は何通りあるか。

(1) a, b, c の3文字が隣り合う。

(2) 子どもが両端にくる。

(2) a, b が両端にくる。

検
印

3 重複順列, 円順列

n 種類のものから r 個取る重複順列の総数は $\underbrace{n \times n \times n \times \cdots \cdots \times n}_{r \text{ 個の積}} = n^r$

例 **18** 数字 1, 2, 3, 4, 5 をくり返し用いてもよいとき, 3 桁の整数は何個できるか。

解答　5 種類のものから 3 個取る重複順列と考えられるから

$5^3 = 125$

答　125個

百の位　十の位　一の位

↑　　　↑　　　↑

5 通り　5 通り　5 通り

21a 基本 次の問いに答えよ。

(1) 数字 1, 2, 3 をくり返し用いてもよいとき, 4 桁の整数は何個できるか。

(2) 5 つの問題にそれぞれ○, ×で答えるとき, ○, ×のつけ方は何通りあるか。

21b 基本 次の問いに答えよ。

(1) 文字 a, b, c, d, e をくり返し用いてよいとき, 4 個の文字を 1 列に並べる方法は何通りあるか。

(2) 6 人の生徒を A, B の 2 つの部屋に入れる方法は何通りあるか。ただし, 全員を同じ部屋に入れてもよいものとする。

検印

異なる n 個のものの円順列の総数は $\dfrac{{}_nP_n}{n} = (n-1)!$

例 **19** 7 人が円形に座る方法は何通りあるか。

解答　異なる 7 個のものの円順列と考えられるから

$(7-1)! = 6! = 720$

答　720通り

22a 基本 6 人が手をつないで輪を作る方法は何通りあるか。

22b 基本 円を 5 等分し, 赤, 青, 黄, 緑, 白の 5 色すべてを用いて塗り分ける方法は何通りあるか。

検印

4 組合せ

KEY 16

KEY 16
組合せの総数　$_nC_r$

異なる n 個のものから異なる r 個を取り出して 1 組としたものを，n 個から r 個取る組合せといい，その総数を $_nC_r$ で表す。

$$_nC_r = \frac{_nP_r}{r!} = \frac{\overbrace{n(n-1)(n-2)\cdots\cdots(n-r+1)}^{r\ 個の積}}{\underbrace{r(r-1)(r-2)\cdots\cdots 2\cdot 1}_{r\ 個の積}}$$

$$_nC_r = {}_nC_{n-r}$$

例 20 $_{10}C_3$ の値を求めよ。

解答　$_{10}C_3 = \dfrac{10\cdot 9\cdot 8}{3\cdot 2\cdot 1} = 120$

23a 基本 次の値を求めよ。

(1) $_8C_3$

(2) $_{10}C_4$

(3) $_{12}C_1$

(4) $_7C_2 \times {}_4C_2$

23b 基本 次の値を求めよ。

(1) $_9C_3$

(2) $_{11}C_2$

(3) $_{10}C_{10}$

(4) $\dfrac{_5C_1}{_8C_2}$

解答 $_{15}C_{13}=_{15}C_2=\dfrac{15\cdot14}{2\cdot1}=105$ ◀ $_{15}C_{13}=_{15}C_{15-13}$

24a 基本 次の値を求めよ。
(1) $_9C_7$

(2) $_{40}C_{38}$

24b 基本 次の値を求めよ。
(1) $_{16}C_{13}$

(2) $_{100}C_{99}$

例 **22** 11人の中から3人の委員を選ぶ方法は何通りあるか。

解答 11個から3個取る組合せであるから
$$_{11}C_3=\dfrac{11\cdot10\cdot9}{3\cdot2\cdot1}=165$$

答 165通り

25a 基本 次のような選び方の総数を求めよ。
(1) 異なる9個の文字から4個の文字を選ぶ。

(2) 12色の絵の具から10色を選ぶ。

25b 基本 次のような選び方の総数を求めよ。
(1) 1から10までの番号が書かれた10枚のカードの中から3枚のカードを選ぶ。

(2) 15人の中から11人の選手を選ぶ。

5 組合せの利用

KEY 17
組合せと図形

多角形の頂点のうち,
3個を選ぶと,それらを頂点とする三角形が1つに決まる。
4個を選ぶと,それらを頂点とする四角形が1つに決まる。

例 23 正五角形の頂点のうちの3個を結んでできる三角形は何個あるか。

解答 求める三角形の個数は,正五角形の5個の頂点の中から3個を選ぶ方法の総数に等しいから

$$_5C_3 = \frac{5 \cdot 4 \cdot 3}{3 \cdot 2 \cdot 1} = 10$$

答 10個

26a 基本 正十角形の頂点のうちの3個を結んでできる三角形は何個あるか。

26b 基本 正十角形の頂点のうちの4個を結んでできる四角形は何個あるか。

考えてみよう 4 多角形の頂点のうちの2個を選んで結ぶと,辺または対角線が1本できる。このことを利用して,正八角形の対角線の本数を求めてみよう。

KEY 18
組合せと積の法則

それぞれの種類ごとに何個か取り出して組合せを作るときは,種類ごとの組合せを考え,積の法則を利用する。

例 24 A組7人,B組5人の中から,それぞれ2人の委員を選ぶ方法は何通りあるか。

解答 A組7人から2人の委員を選ぶ方法は$_7C_2$通り。

また,B組5人から2人の委員を選ぶ方法は$_5C_2$通り。

よって,求める選び方の総数は,積の法則により $_7C_2 \times _5C_2 = \frac{7 \cdot 6}{2 \cdot 1} \times \frac{5 \cdot 4}{2 \cdot 1} = 210$

答 210通り

27a 標準 おとな8人,子ども7人の中から,おとな3人,子ども2人の係を選ぶ方法は何通りあるか。

27b 標準 1から9までの番号が書かれた9枚のカードの中から,5枚を選ぶとき,偶数がちょうど3枚となる選び方は何通りあるか。

KEY 19
組分け

n 人を r 人ずつ m 個の組に分ける方法の総数

① 組に区別がある。

$$_nC_r \times _{n-r}C_r \times \cdots \times _rC_r$$

② 組に区別がない。

$$\frac{_nC_r \times _{n-r}C_r \times \cdots \times _rC_r}{m!}$$

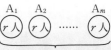

区別できる m 個の組

区別できない m 個の組

例 25 12人の生徒を次のように分ける方法は何通りあるか。

(1) A，B，C の 3 つの組に 4 人ずつ分ける。　　(2) 4 人ずつの 3 つの組に分ける。

解答

(1) 組Aに入る 4 人の選び方は $_{12}C_4$ 通り。

残りの 8 人から組Bに入る 4 人の選び方は $_8C_4$ 通り。残った 4 人は組Cに入ればよい。

よって，求める分け方の総数は，積の法則により

$$_{12}C_4 \times _8C_4 = \frac{12 \cdot 11 \cdot 10 \cdot 9}{4 \cdot 3 \cdot 2 \cdot 1} \times \frac{8 \cdot 7 \cdot 6 \cdot 5}{4 \cdot 3 \cdot 2 \cdot 1} = 34650$$

答 34650通り

(2) (1)の分け方で，A，B，C の名前の区別をなくすと，同じ分け方になるものが

それぞれ 3！通りずつある。

よって，求める分け方の総数は　$\dfrac{34650}{3!} = \dfrac{34650}{6} = 5775$

答 5775通り

28a 標準 10人の生徒を次のように分ける方法は何通りあるか。

(1) A，B の 2 つの組に 5 人ずつ分ける。

(2) 5 人ずつの 2 つの組に分ける。

28b 標準 8 人の生徒を次のように分ける方法は何通りあるか。

(1) A，B，C，D の 4 つの組に 2 人ずつ分ける。

(2) 2 人ずつの 4 つの組に分ける。

6　同じものを含む順列

n 個のもののうち同じものがそれぞれ p 個，q 個，r 個あるとき，これらのすべてを 1 列に並べる順列の総数は　　$\dfrac{n!}{p!\,q!\,r!}$　　ただし　$p+q+r=n$

例 26　6 個の数字 1，1，2，2，2，3 をすべて用いると，6 桁の整数は何個できるか。

解答　6 個のうち，1 が 2 個，2 が 3 個，3 が 1 個あるから，求める整数の個数は

$$\dfrac{6!}{2!\,3!\,1!}=\dfrac{6\cdot5\cdot4\cdot3\cdot2\cdot1}{2\cdot1\times3\cdot2\cdot1\times1}=60$$

答　60 個

29a 基本　7 個の数字 1，1，1，2，2，3，3 をすべて用いると，7 桁の整数は何個できるか。

29b 基本　赤玉 4 個，青玉 3 個，白玉 1 個を 1 列に並べる方法は何通りあるか。

例 27　NIPPON の 6 文字をすべて用いて 1 列に並べるとき，何通りの文字列ができるか。

解答　6 個のうち，N が 2 個，I が 1 個，P が 2 個，O が 1 個あるから，求める文字列の総数は

$$\dfrac{6!}{2!\,1!\,2!\,1!}=\dfrac{6\cdot5\cdot4\cdot3\cdot2\cdot1}{2\cdot1\times1\times2\cdot1\times1}=180$$

答　180 通り

◀ n 個のものの中に同じものがそれぞれ p 個，q 個，r 個，……あるとき，これら n 個のもの全部を 1 列に並べる順列の総数は

$$\dfrac{n!}{p!\,q!\,r!\,\cdots\cdots}\qquad ただし\quad p+q+r+\cdots\cdots=n$$

30a 基本　success の 7 文字をすべて用いて 1 列に並べるとき，何通りの文字列ができるか。

30b 基本　MISSISSIPPI の 11 文字をすべて用いて 1 列に並べるとき，何通りの文字列ができるか。

右の図のように，南北にm区画，東西にn区画ある街路において，北に1区画進むことを↑，東に1区画進むことを→で表すと，AからBまで行く最短の道順は，↑をm個，→をn個並べる同じものを含む順列で与えられる。

したがって，最短の道順の総数は

$$\frac{(m+n)!}{m!\,n!}$$

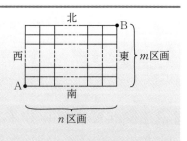

例 28

右の図のような道がある。

次の場合の最短の道順は何通りあるか。

(1) AからBへ行く。

(2) AからPを通ってBへ行く。

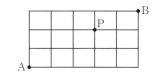

解答

(1) $\dfrac{8!}{3!\,5!} = \dfrac{8\cdot7\cdot6\cdot5\cdot4\cdot3\cdot2\cdot1}{3\cdot2\cdot1\times5\cdot4\cdot3\cdot2\cdot1} = 56$ **答** 56通り

(2) AからPへ行く最短の道順は $\dfrac{5!}{2!\,3!} = \dfrac{5\cdot4\cdot3\cdot2\cdot1}{2\cdot1\times3\cdot2\cdot1} = 10$ すなわち，10通りある。

また，PからBへ行く最短の道順は $\dfrac{3!}{1!\,2!} = \dfrac{3\cdot2\cdot1}{1\times2\cdot1} = 3$ すなわち，3通りある。

よって，求める道順の総数は，積の法則により $10\times3 = 30$ **答** 30通り

31a 標準

右の図のような道がある。次の場合の最短の道順は何通りあるか。

(1) AからBへ行く。

(2) AからPを通ってBへ行く。

31b 標準

右の図のような道がある。次の場合の最短の道順は何通りあるか。

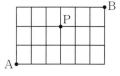

(1) AからBへ行く。

(2) AからPを通ってBへ行く。

考えてみよう 5 例28において，AからPを通らないでBへ行く最短の道順は何通りあるか求めてみよう。

例題 2 0 を含む場合の整数の順列

5 個の数字 0，1，2，3，4 の中から異なる 3 個を並べてできる次のような数は何個あるか。

(1)　3 桁の整数

(2)　3 桁の奇数

【ガイド】 (1)　百の位は 0 以外である。

(2)　一の位は 1 か 3 である。

解答 (1)　百の位は，0 以外の 4 通り。

十の位と一の位は，残り 4 個の数字の中から 2 個を選んで並べるから，$_4P_2$ 通り。

したがって，求める数の個数は，積の法則により

$$4 \times {}_4P_2 = 4 \times 4 \cdot 3 = 48$$

答 48個

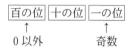

百の位	十の位	一の位
↑		
0以外	$_4P_2$ 通り	

(2)　一の位は 1 か 3 の 2 通り。

百の位は，一の位と 0 以外の 3 個の数字の中から選べばよいから，3 通り。

十の位は，残りの 3 個の数字の中から選べばよいから，3 通り。

したがって，求める数の個数は，積の法則により

$$2 \times 3 \times 3 = 18$$

答 18個

百の位	十の位	一の位
↑		↑
0以外		奇数

練習 2

6 個の数字 0，1，2，3，4，5 の中から異なる 3 個を並べてできる次のような数は何個あるか。

(1)　3 桁の整数

(2)　3 桁の奇数

a, b, c, d, e, f の 6 人が円形に並ぶとき, 次のような並び方は何通りあるか。

(1) a と b が隣り合う。　　　　　　　　　(2) a と b が向かい合う。

【ガイド】 (1) 隣り合う a と b をまとめて 1 組と考える。

(2) a の位置を固定すると, b の位置もきまるから, 残りの 4 人を 1 列に並べると考える。

解答 (1) 隣り合う a と b をひとまとめにして考えると, a と b の 1 組と残りの 4 人が円形に並ぶ並び方は (5−1)! 通り。

また, ひとまとめにした a と b の並び方は 2! 通り。

よって, 求める並び方の総数は, 積の法則により

$$(5−1)! \times 2! = 24 \times 2 = 48$$

答 48通り

(2) a を固定すると, 向かいには b が並ぶから, a と b の並び方は 1 通り。

残りの 4 つの位置に c, d, e, f の 4 人が並べばよい。

その並び方は 4 人を 1 列に並べると考えればよいから, 4! 通り。

よって, 求める並び方の総数は

$$1 \times 4! = 1 \times 24 = 24$$

答 24通り

練習 3 おとな 2 人と子ども 6 人が円形に並ぶとき, 次のような並び方は何通りあるか。

(1) おとな 2 人が隣り合う。

(2) おとな 2 人が向かい合う。

例題 4　平行四辺形の個数

右の図のように，横に引いた 4 本の平行線と斜めに引いた 3 本の平行線が交わっている。この図の中に平行四辺形は何個あるか。

【ガイド】右の影のついた平行四辺形は，
　　　　　横に引いた線 a, c と
　　　　　斜めに引いた線 f, g
　　　　で決まる。
　　　　したがって，求める平行四辺形の個数は，横に引いた 4 本の平行線と斜めに引いた 3 本の平行線のうちからそれぞれ 2 本ずつ選ぶ方法の総数に等しい。

◀ 2 組の平行線を決めると，平行四辺形が 1 つ決まる。

【解答】4 本の平行線から 2 本を選ぶ方法は $_4C_2$ 通り。

また，3 本の平行線から 2 本を選ぶ方法は $_3C_2$ 通り。

よって，求める平行四辺形の個数は，積の法則により

$$_4C_2 \times _3C_2 = \frac{4 \cdot 3}{2 \cdot 1} \times \frac{3 \cdot 2}{2 \cdot 1} = 18$$

【答】18個

練習 4

次の問いに答えよ。

(1) 右の図のように，横に引いた 4 本の平行線と斜めに引いた 5 本の平行線が交わっている。この図の中に平行四辺形は何個あるか。

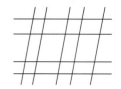

(2) 右の図の中に長方形は何個あるか。

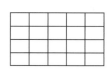

8人の中から，3人の委員を選ぶとき，次のような選び方は何通りあるか。

(1)　特定の1人aが選ばれる。

(2)　特定の2人a，bのうち，aは選ばれるがbは選ばれない。

【ガイド】 特定のものを含む(含まない)ときは，それを除いた残りのもので考える。

解答 (1)　aを先に選んでおき，残りの7人から2人を選べばよい。

よって，求める選び方の総数は　　$_7C_2 = \dfrac{7 \cdot 6}{2 \cdot 1} = 21$

答 21通り

(2)　aを先に選んでおき，a，bを除いた6人から2人を選べばよい。

よって，求める選び方の総数は　　$_6C_2 = \dfrac{6 \cdot 5}{2 \cdot 1} = 15$

答 15通り

練習 5　1から9までの番号が書かれた9枚のカードの中から，4枚を選ぶとき，次のような選び方は何通りあるか。

(1)　1を含む。

(2)　1と2をともに含む。

(3)　1は含むが2は含まない。

例題 6 重複を許して作る組合せ

次の問いに答えよ。

(1) a，b，c の 3 種類の文字から同じものを何個取ってもよいとして，8 個取る組合せは何通りあるか。

(2) $x+y+z=6$ を満たす 0 以上の整数の組 (x, y, z) の総数を求めよ。

【ガイド】 (1) 8 個の文字を○で表し，2 個の仕切り｜で文字を分けると，たとえば

　　　　a が 3 個，b が 4 個，c が 1 個　は　○○○｜○○○○｜○

　　　　a が 5 個，b が 0 個，c が 3 個　は　○○○○○｜｜○○○

　　　　a が 0 個，b が 3 個，c が 5 個　は　｜○○○｜○○○○○

のように，8 個の○と 2 個の｜の順列で文字の取り方を表すことができる。

(2) 6 個の○と 2 個の仕切り｜の順列を考え，仕切りで分けられた 3 つの部分の○の個数を，左から順に x，y，z とする。

たとえば　○○｜○○○｜○　は　$(x, y, z)=(2, 3, 1)$　を表す。

【解答】 (1) 求める組合せの総数は，8 個の○と 2 個の｜の並べ方の総数と等しいから

$$\frac{10!}{8!2!}=\frac{10\cdot9}{2\cdot1}=45$$

【答】 45通り

(2) 求める組の総数は，6 個の○と 2 個の｜の並べ方の総数と等しいから

$$\frac{8!}{6!2!}=\frac{8\cdot7}{2\cdot1}=28$$

【答】 28通り

練習 6

次の問いに答えよ。

(1) 缶ジュースを 6 本買いたい。缶ジュースの種類は 4 種類ある。何通りの買い方ができるか。

(2) りんご10個を 3 人に分けるとき，何通りの分け方があるか。

(3) $x+y+z=9$ を満たす 0 以上の整数の組 (x, y, z) の総数を求めよ。

1 事象と確率

- 試行…「さいころを投げる」,「くじを引く」などのように,その結果が偶然によって決まる実験や観察。
- 事象…さいころを投げて「奇数の目が出る」,くじを引いて「当たる」などのように,試行の結果として起こる事柄。*A*,*B*,*C* などの文字で表す。
- 全事象…1 つの試行において,起こり得る結果の全体の集合。*U* で表す。
- 根元事象…全事象 *U* のただ 1 つの要素からなる集合で表される事象。

例 29 2 枚の硬貨 a, b を同時に投げる試行において,たとえば「硬貨 a は表,硬貨 b は裏が出る」ことを(表,裏)で表すことにする。このとき,次の事象を集合で表せ。

(1) 全事象 *U*　　　(2) 1 枚だけ表が出る事象 *A*　　　(3) 根元事象

解答 (1) $U = \{(表,表),(表,裏),(裏,表),(裏,裏)\}$　　◀ (表,裏)と(裏,表)は区別する。

(2) $A = \{(表,裏),(裏,表)\}$

(3) $\{(表,表)\}, \{(表,裏)\}, \{(裏,表)\}, \{(裏,裏)\}$

32a 基本 1 から 9 までの番号が書かれた 9 枚のカードから,1 枚を引く試行において,たとえば「1 を引く」ことを数字 1 で表すことにする。このとき,次の事象を集合で表せ。

(1) 全事象 *U*

(2) 奇数を引く事象 *A*

(3) 4 の倍数を引く事象 *B*

32b 基本 a, b, c の 3 人がじゃんけんをする。たとえば,a がグー,b がチョキ,c がパーを出すことを,(グ,チ,パ)と表すことにする。このとき,次の事象を集合で表せ。

(1) a だけが勝つ事象 *A*

(2) あいこになる事象 *B*

$$P(A) = \frac{事象 A が起こる場合の数}{起こり得るすべての場合の数} = \frac{n(A)}{n(U)}$$

例 30 1 個のさいころを投げるとき,偶数の目が出る確率を求めよ。

解答 起こり得る目の出方は,全部で 6 通りあり,これらは同様に確からしい。

このうち,偶数の目の出方は,2 と 4 と 6 の 3 通り。

よって,求める確率は $\dfrac{3}{6} = \dfrac{1}{2}$

33a 基本 6本の当たりくじを含む20本のくじがある。この中から1本引くとき，当たる確率を求めよ。

33b 基本 1から30までの番号を書いた30枚のカードから，1枚を引くとき，番号が5の倍数である確率を求めよ。

34a 基本 大，小2個のさいころを同時に投げるとき，目の和が5の倍数になる確率を求めよ。

34b 基本 2枚の硬貨を同時に投げるとき，2枚とも表が出る確率を求めよ。

例 31 3本の当たりくじを含む12本のくじがある。この中から同時に2本引くとき，2本とも当たる確率を求めよ。

解答 12本のくじを区別して考え，その中から2本を引く方法は全部で $_{12}C_2$ 通りあり，これらは同様に確からしい。

このうち，2本とも当たりとなる引き方は $_3C_2$ 通り。

よって，求める確率は $\dfrac{_3C_2}{_{12}C_2} = \dfrac{3}{66} = \dfrac{1}{22}$

◀ $_3C_2 = \dfrac{3 \cdot 2}{2 \cdot 1} = 3$, $_{12}C_2 = \dfrac{12 \cdot 11}{2 \cdot 1} = 66$

35a 標準 1から9までの番号が書かれた9枚のカードから，同時に3枚引くとき，3枚とも番号が偶数である確率を求めよ。

35b 標準 赤玉5個と白玉3個が入っている袋から同時に2個取り出すとき，2個とも赤玉である確率を求めよ。

1から9までの番号が書かれた9枚のカードから，同時に4枚引くとき，偶数と奇数が2枚ずつである確率を求めよ。

解答 9枚から4枚を引く方法は全部で$_9C_4$通りあり，これらは同様に確からしい。

9枚のうち，偶数は4枚，奇数は5枚あるから，偶数と奇数が2枚ずつとなる引き方は$_4C_2 \times {}_5C_2$通り。

よって，求める確率は $\dfrac{{}_4C_2 \times {}_5C_2}{{}_9C_4} = \dfrac{6 \times 10}{126} = \dfrac{10}{21}$

36a 標準 赤玉6個と白玉4個が入っている袋から，同時に3個取り出すとき，赤玉1個，白玉2個である確率を求めよ。

36b 標準 4本の当たりくじを含む10本のくじがある。この中から同時に3本引くとき，1本だけ当たる確率を求めよ。

37a 標準 おとな2人と子ども4人がくじ引きで順番を決め，横1列に並ぶとき，おとなが隣り合う確率を求めよ。

37b 標準 1年生3人と2年生2人がくじ引きで順番を決め，横1列に並ぶとき，1年生が両端にくる確率を求めよ。

2 確率の基本的な性質

KEY 24
積事象，和事象

2つの事象 A，B に対して，
「A と B がともに起こる」事象を A と B の積事象といい，$A \cap B$ で表す。
「A または B が起こる」事象を A と B の和事象といい，$A \cup B$ で表す。

例 33 1から20までの番号が書かれた20枚のカードから，1枚を引くとき，番号が3の倍数である事象を A，5の倍数である事象を B とする。積事象 $A \cap B$ と和事象 $A \cup B$ を集合で表せ。

解答 積事象 $A \cap B$ は，3の倍数であり5の倍数である事象より
$A \cap B = \{15\}$　　　◀15の倍数
和事象 $A \cup B$ は，3の倍数または5の倍数である事象より
$A \cup B = \{3, 5, 6, 9, 10, 12, 15, 18, 20\}$

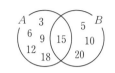

38a 基本 1から15までの番号が書かれた15枚のカードから，1枚を引くとき，番号が2の倍数である事象を A，3の倍数である事象を B とする。積事象 $A \cap B$ と和事象 $A \cup B$ を集合で表せ。

38b 基本 1個のさいころを投げるとき，奇数の目が出る事象を A，4以下の目が出る事象を B とする。積事象 $A \cap B$ と和事象 $A \cup B$ を集合で表せ。

検印

KEY 25
排反事象

1つの試行で2つの事象 A，B が同時に起こらないとき，すなわち $A \cap B = \varnothing$ のとき，A と B は互いに排反であるという。

例 34 1個のさいころを投げるとき，偶数の目が出る事象を A，奇数の目が出る事象を B，3以下の目が出る事象を C とする。次のうち，互いに排反であるものをすべて答えよ。
$$A と B, \quad A と C, \quad B と C$$

解答 3以下の目は1と2と3である。
したがって，互いに排反であるものは A と B である。　　◀$A \cap B = \varnothing$，$A \cap C = \{2\}$，$B \cap C = \{1, 3\}$

39a 基本 赤玉2個と白玉2個が入っている袋から，同時に2個取り出すとき，2個とも赤玉である事象を A，2個とも白玉である事象を B，少なくとも1個は赤玉である事象を C とする。次のうち，互いに排反であるものをすべて答えよ。
$$A と B, \quad A と C, \quad B と C$$

39b 基本 1から30までの番号が書かれた30枚のカードから，1枚を引くとき，番号が4の倍数である事象を A，5の倍数である事象を B，7の倍数である事象を C とする。次のうち，互いに排反であるものをすべて答えよ。
$$A と B, \quad A と C, \quad B と C$$

検印

例 35 4本の当たりくじを含む10本のくじがある。この中から同時に3本引くとき，3本とも当たるか，または3本ともはずれる確率を求めよ。

解答 3本とも当たる事象をA，3本ともはずれる事象をBとすると，求める確率は$P(A \cup B)$である。

ここで $P(A) = \dfrac{{}_4\mathrm{C}_3}{{}_{10}\mathrm{C}_3} = \dfrac{4}{120}$, $P(B) = \dfrac{{}_6\mathrm{C}_3}{{}_{10}\mathrm{C}_3} = \dfrac{20}{120}$

また，AとBは互いに排反であるから，求める確率は

$$P(A \cup B) = P(A) + P(B) = \frac{4}{120} + \frac{20}{120} = \frac{24}{120} = \frac{1}{5}$$

40a 標準 3本の当たりくじを含む10本のくじがある。この中から同時に2本引くとき，2本とも当たるか，または2本ともはずれる確率を求めよ。

40b 標準 1から10までの番号が書かれた10枚のカードから，同時に3枚引くとき，番号が3枚とも偶数，または3枚とも奇数である確率を求めよ。

41a 標準 赤玉7個と白玉4個が入っている袋から，同時に2個の玉を取り出すとき，それらが同じ色である確率を求めよ。

41b 標準 A組5人とB組4人の中から，3人の委員をくじ引きで選ぶとき，3人とも同じ組である確率を求めよ。

考えてみよう 6 白玉5個，赤玉4個，青玉3個が入っている袋から，3個の玉を同時に取り出すとき，3個とも同じ色である確率を求めてみよう。

KEY 27
一般の和事象の確率

2つの事象 A, B に対して
$$P(A \cup B) = P(A) + P(B) - P(A \cap B)$$

例 **36** 1から100までの番号が書かれた100枚のカードから，1枚を引くとき，番号が3の倍数または5の倍数である確率を求めよ。

解答 番号が3の倍数である事象を A，番号が5の倍数である事象を B とすると，

$A = \{3 \cdot 1,\ 3 \cdot 2,\ 3 \cdot 3,\ \cdots\cdots,\ 3 \cdot 33\}$,

$B = \{5 \cdot 1,\ 5 \cdot 2,\ 5 \cdot 3,\ \cdots\cdots,\ 5 \cdot 20\}$,

$A \cap B = \{15 \cdot 1,\ 15 \cdot 2,\ 15 \cdot 3,\ \cdots\cdots,\ 15 \cdot 6\}$　　　　◀15の倍数

であるから　　$P(A) = \dfrac{33}{100}$,　　$P(B) = \dfrac{20}{100}$,　　$P(A \cap B) = \dfrac{6}{100}$

よって，求める確率 $P(A \cup B)$ は

$$P(A \cup B) = P(A) + P(B) - P(A \cap B) = \frac{33}{100} + \frac{20}{100} - \frac{6}{100} = \frac{47}{100}$$

42a 標準 1から50までの番号が書かれた50枚のカードから，1枚を引くとき，番号が1桁の数または3の倍数である確率を求めよ。

42b 標準 1から80までの番号が書かれた80枚のカードから，1枚を引くとき，番号が4または5で割り切れる確率を求めよ。

3 余事象の確率

KEY 28
余事象の確率

事象Aの余事象を$\overline{A}$とすると
$$P(\overline{A})=1-P(A)$$

例 37 3枚の硬貨を同時に投げるとき，少なくとも1枚は表が出る確率を求めよ。

解答 「3枚とも裏が出る」事象をAとすると，「少なくとも1枚は表が出る」事象は，Aの余事象$\overline{A}$である。

$P(A)=\dfrac{1}{2^3}=\dfrac{1}{8}$ であるから，求める確率は

$$P(\overline{A})=1-P(A)=1-\dfrac{1}{8}=\dfrac{7}{8}$$

43a 基本 1から100までの番号が書かれた100枚のカードから，1枚を引くとき，6の倍数でないカードを引く確率を求めよ。

43b 基本 大，小2個のさいころを同時に投げるとき，異なる目が出る確率を求めよ。

44a 標準 4本の当たりくじを含む12本のくじがある。この中から3本を同時に引くとき，少なくとも1本当たる確率を求めよ。

44b 標準 a, b, c, dの4人を含む10人の中から，2人の委員をくじ引きで選ぶとき，a, b, c, dの4人から少なくとも1人が選ばれる確率を求めよ。

4 独立な試行の確率

KEY 29
独立な試行の確率

2つの試行 T_1 と T_2 が独立であるとき，T_1 で事象 A が起こり，T_2 で事象 B が起こる確率は　$P(A) \times P(B)$
このことは，独立な3つ以上の試行についても，同様に成り立つ。

例 38　3本の当たりくじを含む10本のくじの中から，くじを1本引いてもとに戻すことを2回くり返す。1回目にはずれくじを引き，2回目に当たりくじを引く確率を求めよ。

解答　1回目にくじを引く試行と2回目にくじを引く試行は独立であるから，求める確率は

$$\frac{7}{10} \times \frac{3}{10} = \frac{21}{100}$$

45a 基本 1個のさいころを2回続けて投げるとき，1回目に3の倍数の目が出て，2回目に2の倍数の目が出る確率を求めよ。

45b 基本 10本のくじの中に当たりくじが2本入っている。このくじをaが先に1本引き，引いたくじをもとに戻してからbが1本引くとき，aだけが当たる確率を求めよ。

例 39　赤玉3個と白玉1個が入っている袋Aと，赤玉3個と白玉2個が入っている袋Bがある。袋Aと袋Bの中から1個ずつ玉を取り出すとき，2個とも白玉が出る確率を求めよ。

解答　袋Aから白玉が出る確率は $\frac{1}{4}$，　袋Bから白玉が出る確率は $\frac{2}{5}$

袋Aと袋Bの中から玉を取り出す2つの試行は独立であるから，求める確率は　$\frac{1}{4} \times \frac{2}{5} = \frac{1}{10}$

46a 基本 例39の袋Aと袋Bの中から玉を1個ずつ取り出すとき，袋Aから赤玉が出て，袋Bから白玉が出る確率を求めよ。

46b 基本 サッカー部のa，bの2人の選手は，ペナルティーキックの成功率がそれぞれ $\frac{7}{8}$，$\frac{3}{5}$ である。2人が1回ずつペナルティーキックをするとき，aが成功し，bが失敗する確率を求めよ。

考えてみよう 7 a, b, cの3人が，あるテストに合格する確率はそれぞれ $\frac{3}{5}$，$\frac{1}{3}$，$\frac{1}{2}$ であるという。aだけが合格する確率を求めてみよう。

5 反復試行の確率

反復試行の確率

1回の試行で事象Aが起こる確率をpとする。
この試行をn回くり返すとき，事象Aがr回だけ起こる確率は $\quad {}_nC_r p^r (1-p)^{n-r}$

例 40 1個のさいころを4回投げるとき，6の目が3回だけ出る確率を求めよ。

解答 1個のさいころを1回投げて，6の目が出る確率は$\dfrac{1}{6}$，それ以外の目が出る確率は$1 - \dfrac{1}{6} = \dfrac{5}{6}$

よって，求める確率は $\quad {}_4C_3 \left(\dfrac{1}{6}\right)^3 \left(\dfrac{5}{6}\right)^{4-3} = 4 \times \left(\dfrac{1}{6}\right)^3 \left(\dfrac{5}{6}\right)^1 = \dfrac{5}{324}$

47a 基本 1個のさいころを4回投げるとき，3の倍数の目が3回だけ出る確率を求めよ。

47b 基本 1枚の硬貨を6回投げるとき，表が2回だけ出る確率を求めよ。

48a 基本 1から30までの番号が書かれた30枚のカードから，1枚ずつ5回取り出すとき，偶数のカードが3回だけ出る確率を求めよ。ただし，取り出したカードはもとに戻すものとする。

48b 基本 赤玉9個と白玉3個が入っている袋から玉を1個取り出し，色を確認して袋に戻す試行を4回くり返す。このとき，赤玉が3回だけ出る確率を求めよ。

例 41 白玉2個と赤玉3個が入っている袋から玉を1個取り出し，色を確認して袋に戻す試行を4回くり返す。このとき，白玉を3回以上取り出す確率を求めよ。

解答 袋から玉を1個取り出すとき，それが白玉である確率は $\dfrac{2}{5}$，赤玉である確率は $\dfrac{3}{5}$ である。

この試行を4回くり返したとき，

白玉が3回出る確率は $\quad {}_4C_3\left(\dfrac{2}{5}\right)^3\left(\dfrac{3}{5}\right)^1=4\times\left(\dfrac{2}{5}\right)^3\left(\dfrac{3}{5}\right)^1=\dfrac{96}{625}$

白玉が4回出る確率は $\quad {}_4C_4\left(\dfrac{2}{5}\right)^4=\left(\dfrac{2}{5}\right)^4=\dfrac{16}{625}$

よって，求める確率は，加法定理により $\quad \dfrac{96}{625}+\dfrac{16}{625}=\dfrac{\mathbf{112}}{\mathbf{625}}$

◀「白玉が3回以上」には「白玉が3回」の事象と「白玉が4回」の事象があり，これらは互いに排反である。

49a 標準 野球部のa選手は，1回の打席でヒットを打つ確率が $\dfrac{1}{3}$ である。a選手が3回打席に立つとき，2回以上ヒットを打つ確率を求めよ。

49b 標準 1個のさいころを6回投げるとき，1または2の目が4回以上出る確率を求めよ。

6 条件つき確率

事象 A が起こったときに事象 B が起こる確率を,
A が起こったときの B が起こる条件つき確率といい,$P_A(B)$ で表す。

例 42 箱の中に,1か2の数字が書かれた赤玉と白玉が右の表のように入っている。玉を1個取り出すとき,赤玉である事象を A,1が書かれている事象を B とする。赤玉を取り出したことがわかったとき,それに1が書かれている確率 $P_A(B)$ を求めよ。

数字＼色	赤	白	計
1	5	4	9
2	8	3	11
計	13	7	20

解答 $P_A(B) = \dfrac{5}{13}$ $\blacktriangleleft P_A(B) = \dfrac{n(A \cap B)}{n(A)}$

50a 基本 例42において,白玉を取り出したことがわかったとき,それに1が書かれている確率 $P_{\overline{A}}(B)$ を求めよ。

50b 基本 例42において,1が書かれた玉を取り出したことがわかったとき,それが赤玉である確率 $P_B(A)$ を求めよ。

検
印

$$P(A \cap B) = P(A) \times P_A(B)$$

例 43 赤玉5個と白玉3個が入っている袋から,a,bの2人が玉を取り出す。最初にaが1個取り出し,それをもとに戻さないで,次にbが1個取り出す。このとき,次の確率を求めよ。

(1) aとbの2人とも赤玉を取り出す確率　　(2) bが赤玉を取り出す確率

解答 (1) aが赤玉を取り出す事象を A,bが赤玉を取り出す事象を B とすると

$$P(A) = \frac{5}{8}$$

事象 A が起こったときの事象 B が起こる条件つき確率 $P_A(B)$ は

$$P_A(B) = \frac{4}{7}$$

よって,2人とも赤玉を取り出す確率 $P(A \cap B)$ は,乗法定理により

$\blacktriangleleft$ aが赤玉を1個取り出すと,玉は7個になり,その中で赤玉は4個である。

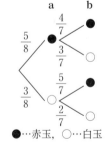

$$P(A \cap B) = P(A)P_A(B) = \frac{5}{8} \times \frac{4}{7} = \frac{5}{14}$$

(2) bが赤玉を取り出すのは,次の2つの場合がある。

(i) aが赤玉,bも赤玉の場合

この確率は,(1)より　$P(A \cap B) = \dfrac{5}{14}$

(ii) aが白玉,bが赤玉の場合

この確率は,乗法定理により　$P(\overline{A} \cap B) = P(\overline{A})P_{\overline{A}}(B) = \dfrac{3}{8} \times \dfrac{5}{7} = \dfrac{15}{56}$

(i),(ii)の事象は互いに排反であるから,求める確率は

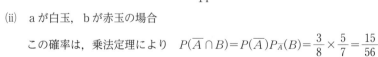

$$P(B) = P(A \cap B) + P(\overline{A} \cap B) = \frac{5}{14} + \frac{15}{56} = \frac{35}{56} = \frac{5}{8}$$

51a [基本] 例43において，aとbの2人とも白玉を取り出す確率を求めよ。

51b [基本] 4本の当たりくじを含む10本のくじを，a，bの2人が引く。最初にaが1本引き，それをもとに戻さないで，次にbが1本引く。このとき，2人とも当たる確率を求めよ。

52a [標準] 4本の当たりくじを含む15本のくじを，a，bの2人が引く。最初にaが1本引き，それをもとに戻さないで，次にbが1本引く。このとき，bが当たる確率を求めよ。

52b [標準] 1から9までの番号が書かれた9枚のカードから，1枚ずつ2回カードを引くとき，2回目に偶数を引く確率を求めよ。ただし，引いたカードはもとに戻さないものとする。

x が x_1, x_2, x_3, ……, x_n のいずれかの値をとり, これらの値をとる確率がそれぞれ p_1, p_2, p_3, ……, p_n であるとき

$$x_1p_1+x_2p_2+x_3p_3+……+x_np_n$$

の値を x の期待値という。

ただし $p_1+p_2+p_3+……+p_n=1$

x の値	x_1	x_2	x_3	……	x_n	計
確率	p_1	p_2	p_3	……	p_n	1

例 44 赤玉4個と白玉3個が入っている袋から2個の玉を同時に取り出す。このとき, 赤玉が出る個数の期待値を求めよ。

解答 赤玉が出る個数は, 0個, 1個, 2個のいずれかである。

それぞれの事象が起こる確率は次の通りである。

$$\frac{{}_3C_2}{{}_7C_2}=\frac{3}{21}, \quad \frac{{}_4C_1\times{}_3C_1}{{}_7C_2}=\frac{12}{21}, \quad \frac{{}_4C_2}{{}_7C_2}=\frac{6}{21}$$

よって, 求める期待値は

$$0\times\frac{3}{21}+1\times\frac{12}{21}+2\times\frac{6}{21}=\frac{8}{7} \text{ (個)}$$

赤玉の数	0	1	2	計
確率	$\frac{3}{21}$	$\frac{12}{21}$	$\frac{6}{21}$	1

◀赤玉の個数とそれぞれの確率についてまとめた表を作る。

53a 基本 総数200本のくじに, 右のような賞金がついている。このくじを1本引いて得られる賞金の期待値を求めよ。

	賞金	本数
1等	10000円	5本
2等	5000円	10本
3等	1000円	20本
4等	500円	50本
はずれ	0円	115本
計		

53b 基本 さいころを1回投げて, 1の目が出たら100円, 2か3の目が出たら70円, それ以外の目が出たら10円もらえるものとする。さいころを1回投げるとき, 受け取る金額の期待値を求めよ。

54a 基本 赤玉5個と白玉3個が入っている袋から3個の玉を同時に取り出す。このとき，赤玉が出る個数の期待値を求めよ。

54b 基本 3本の当たりくじを含む10本のくじがある。このくじを2本同時に引くとき，当たりくじの本数の期待値を求めよ。

検印

KEY 34　期待値と参加料などを比較して，有利か不利かを判断する。

有利不利の判断

例 45 総数1000本のくじに，右のような賞金がついている。
このくじが1本30円で売られているとき，このくじを買うことは有利か。

賞金	本数
10000円	1本
1000円	10本
100円	50本
はずれ	939本
計	1000本

解答 1本買ったときの賞金の期待値は

$$10000 \times \frac{1}{1000} + 1000 \times \frac{10}{1000} + 100 \times \frac{50}{1000} + 0 \times \frac{939}{1000} = 25 \ (円)$$

よって，賞金の期待値がくじ1本の値段より小さいから，くじを買う方が不利である。

55a 標準 例45において，10000円が1本，2000円が3本，500円が30本，はずれが966本のときは，このくじを買うことは有利か。

55b 標準 1枚の硬貨を2回投げて，2回とも表が出たら100円，2回とも裏が出たら50円，その他の場合は10円もらえるゲームがある。このゲームに50円はらって参加することは有利か。

検印

例題 7 優勝する確率

野球チームAとBが対戦し，先に3勝した方を優勝とする。AチームがBチームに勝つ確率は $\dfrac{1}{3}$ で，引き分けはないとするとき，次の確率を求めよ。

(1) 4試合目でAチームが優勝する確率   (2) Aチームが優勝する確率

【ガイド】 (1) 3試合目までに，Aが何勝何敗になっていなければならないかを考える。

(2) Aが優勝するまでの試合数で場合分けする。

解答 (1) 4試合目でAが優勝するには，3試合目までに2勝1敗で，4試合目に勝てばよいから，求める確率は

$$_3C_2\left(\frac{1}{3}\right)^2\left(\frac{2}{3}\right)^1\times\frac{1}{3}=\frac{2}{27}$$

(2) (1)の場合以外にAが優勝するまでの試合数は，3試合と5試合の場合がある。

3試合目でAが優勝する確率は $\left(\dfrac{1}{3}\right)^3=\dfrac{1}{27}$ ◀ 1試合目から3連勝する。

5試合目でAが優勝する確率は $_4C_2\left(\dfrac{1}{3}\right)^2\left(\dfrac{2}{3}\right)^2\times\dfrac{1}{3}=\dfrac{8}{81}$ ◀ 4試合目までに2勝2敗で，5試合目に勝つ。

これらの事象は互いに排反であるから，求める確率は

$$\frac{1}{27}+\frac{2}{27}+\frac{8}{81}=\frac{17}{81}$$

練習 7 バレーボールのチームAとBが試合をし，先に2セットをとったチームの勝ちとする。Aチームがセットをとる確率が $\dfrac{3}{5}$ であるとき，Aチームが試合に勝つ確率を求めよ。

例題 8 数直線上を移動する点についての確率

数直線上の原点Oを出発点として動く点Pがある。1枚の硬貨を投げて，表が出たときは $+1$ だけ移動し，裏が出たときは -1 だけ移動する。硬貨を5回投げたとき，点Pの座標が -1 である確率を求めよ。

【ガイド】 表が出る回数を求め，反復試行の確率を計算する。

解答 硬貨を5回投げて表が出る回数を x とすると，裏が出る回数は $5-x$ である。

5回投げたとき，点Pの座標は $\qquad 1 \times x + (-1) \times (5-x) = 2x - 5$

点Pの座標が -1 であるから $\qquad 2x - 5 = -1$

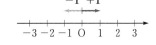

これを解いて $\qquad x = 2$

よって，点Pの座標が -1 となるのは，表が2回，裏が3回出たときである。

したがって，求める確率は $\qquad {}_5\mathrm{C}_2 \left(\dfrac{1}{2} \right)^2 \left(\dfrac{1}{2} \right)^3 = \dfrac{5}{16}$

練習 8

数直線上の原点Oを出発点として動く点Pがある。さいころを投げて，4以下の目が出たときは $+1$ だけ移動し，5または6の目が出たときは -1 だけ移動する。さいころを6回投げたとき，次の確率を求めよ。

(1) 点Pが原点にある確率

(2) 点Pの座標が2である確率

aの袋には赤玉4個と白玉3個，bの袋には赤玉3個と白玉2個が入っている。aの袋から玉を1個取り出してbの袋に入れ，よく混ぜてから玉を1個取り出す。このとき，次の確率を求めよ。

(1) bの袋から赤玉が取り出される確率

(2) bの袋から赤玉が取り出されたとき，最初にaの袋から取り出されたのが赤玉である確率

【ガイド】 (1) aの袋から取り出された玉が，赤玉の場合と白玉の場合に分けて考える。

(2) aの袋から赤玉が取り出される事象をA，bの袋から赤玉が取り出される事象をBとすると，求める確率は$P_B(A)$である。

解答 (1) aの袋から赤玉が取り出される事象をA，bの袋から赤玉が取り出される事象をBとする。

事象Bは，排反である2つの事象$A \cap B$と$\overline{A} \cap B$の和事象である。

$$P(A \cap B) = P(A)P_A(B) = \frac{4}{7} \times \frac{4}{6} = \frac{16}{42}$$ ◀ bの袋には赤玉が1個増えている。

$$P(\overline{A} \cap B) = P(\overline{A})P_{\overline{A}}(B) = \frac{3}{7} \times \frac{3}{6} = \frac{9}{42}$$ ◀ bの袋には白玉が1個増えている。

よって，求める確率は

$$P(B) = P(A \cap B) + P(\overline{A} \cap B) = \frac{16}{42} + \frac{9}{42} = \frac{\mathbf{25}}{\mathbf{42}}$$

(2) 求める確率は$P_B(A)$であるから

$$P_B(A) = \frac{P(B \cap A)}{P(B)} = \frac{P(A \cap B)}{P(B)} = \frac{16}{42} \div \frac{25}{42} = \frac{\mathbf{16}}{\mathbf{25}}$$

練習 9 **例題**9において，次の確率を求めよ。

(1) bの袋から白玉が取り出される確率

(2) bの袋から白玉が取り出されたとき，最初にaの袋から取り出されたのが赤玉である確率

例題 10　期待値の比較による有利不利の判断

ある部品メーカーが新製品を製造する機械の導入を考えている。機械は A，B の 2 種類があり，どちらの機械を用いても，良品ならば利益を生むが，不良品ならば損失を出し，その性能は右の表のようになっている。どちらの機械を購入する方が有利であるか。

	良品1個 あたりの利益	不良品1個 あたりの損失	不良品の 出る確率
機械A	100円	20円	0.05
機械B	98円	75円	0.02

【ガイド】 機械Aによって，不良品1個あたり20円の損失が出ることを，−20円の利益と考える。機械Bの場合についても同様に，75円の損失を −75円の利益と考える。

解答 機械Aを購入した場合の利益の期待値は

$$100\times(1-0.05)+(-20)\times0.05=100\times0.95-20\times0.05=95-1=94 \ （円）$$

機械Bを購入した場合の利益の期待値は

$$98\times(1-0.02)+(-75)\times0.02=98\times0.98-75\times0.02=96.04-1.5=94.54 \ （円）$$

よって，機械Bの方が期待値が大きいから，**機械Bを購入した方が有利である**。

練習 10 あるクラスが高校の文化祭で，「たい焼き」または「たこ焼き」を作って販売しようとしている。それぞれの利益・損失の状況は右の表のようになっている。同じ時間で「たこ焼き」は「たい焼き」の4倍作れるとき，どちらを販売する方が有利であるか。

	良品1個 あたりの利益	不良品1個 あたりの損失	不良品の 出る確率
たい焼き	110円	30円	0.07
たこ焼き	30円	18円	0.1

2章
確率

検印

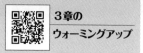

1 節 三角形の性質

1 三角形と比

KEY 35
平行線と線分の比

△ABC の辺 AB, AC 上またはその延長上に
それぞれ点 P, Q があるとき, PQ∥BC ならば
① AP：AB＝AQ：AC
② AP：AB＝PQ：BC
③ AP：PB＝AQ：QC

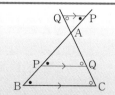

例 46 右の図において，PQ∥BC のとき，x, y を求めよ。

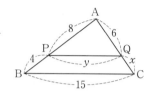

解答 AP：PB＝AQ：QC であるから 8：4＝6：x
よって 8x＝4·6   したがって **x＝3**
AP：AB＝PQ：BC であるから 8：12＝y：15
よって 12y＝8·15   したがって **y＝10**

56a 基本 次の図において，PQ∥BC のとき，
x, y を求めよ。

(1)

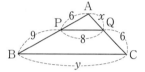

56b 基本 次の図において，x, y を求めよ。

(1) PQ∥BC

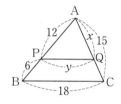

(2)

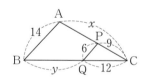

(2) PQ∥AB

KEY 36
線分の内分と外分

線分 AB 上に点 P があって，AP：PB＝m：n であるとき，点 P は線分 AB を m：n に内分するという。

また，線分 AB の延長上に点 Q があって，AQ：QB＝m：n であるとき，点 Q は線分 AB を m：n に外分するという。このとき，$m \neq n$ である。

例 47 右の図において，次の比を求めよ。
(1) 点 B が線分 AC を内分する比
(2) 点 C が線分 AB を外分する比

解答 (1) 4：3
(2) 7：3

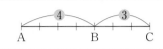 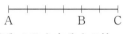

57a 基本 下の図において，次の比を求めよ。

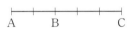

(1) 点 B が線分 AC を内分する比

(2) 点 C が線分 AB を外分する比

57b 基本 下の図において，次の比を求めよ。

(1) 点 B が線分 AC を内分する比

(2) 点 A が線分 BC を外分する比

58a 基本 次の点を下の数直線に図示せよ。
(1) 線分 AB を 5：3 に内分する点 P
(2) 線分 BA を 3：1 に内分する点 Q
(3) 線分 AB を 5：1 に外分する点 R
(4) 線分 BA を 7：3 に外分する点 S
(5) 線分 AB の中点 M

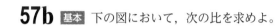

58b 基本 次の点を下の数直線に図示せよ。
(1) 線分 AB を 3：7 に内分する点 P
(2) 線分 BA を 2：3 に内分する点 Q
(3) 線分 AB を 1：3 に外分する点 R
(4) 線分 BA を 2：7 に外分する点 S
(5) 線分 AB の中点 M

検印

49

2 角の二等分線と線分の比

△ABC の ∠A の二等分線と辺 BC との交点をPとすると
$$BP : PC = AB : AC$$

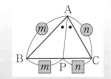

例 48 右の図の △ABC において，AP が ∠A の二等分線であるとき，x を求めよ。

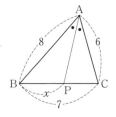

解答 AP は ∠A の二等分線であるから

$$BP : PC = AB : AC$$

$$x : (7-x) = 8 : 6$$

よって $6x = 8(7-x)$ したがって $x = 4$

59a 基本 次の図の △ABC で，∠A の二等分線を AP，∠B の二等分線を BQ，∠C の二等分線を CR とする。x を求めよ。

(1)

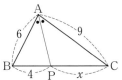

(2)

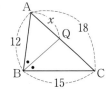

(3)

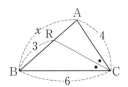

59b 基本 次の図の △ABC で，∠A の二等分線を AP，∠B の二等分線を BQ，∠C の二等分線を CR とする。x を求めよ。

(1)

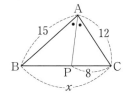

(2)

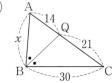

(3)

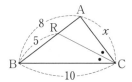

KEY 38

外角の二等分線と線分の比

AB≠AC である △ABC において，∠A の外角の二等分線と辺 BC の延長との交点を Q とすると
$$BQ : QC = AB : AC$$

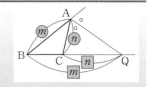

例 49 右の図の △ABC において，AQ が ∠A の外角の二等分線であるとき，x を求めよ。

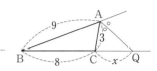

解答 AQ は ∠A の外角の二等分線であるから

$$BQ : QC = AB : AC$$
$$(8+x) : x = 9 : 3$$

よって　$9x = 3(8+x)$　　　したがって　$x = 4$

60a 基本 次の図の △ABC において，x を求めよ。

(1) AQ は ∠A の外角の二等分線

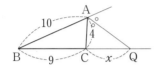

(2) CQ は ∠C の外角の二等分線

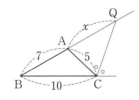

60b 基本 次の図の △ABC において，x を求めよ。

(1) AQ は ∠A の外角の二等分線

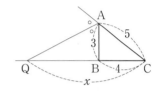

(2) BQ は ∠B の外角の二等分線

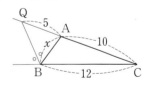

KEY 39

三角形の外心

① 三角形の3辺の垂直二等分線は1点で交わる。
② どんな三角形でも，その3つの頂点を通る円が1つある。

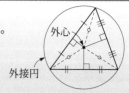

外心

外接円

例 50 右の図の点Oは △ABC の外心である。x を求めよ。

解答 OA＝OB＝OC であるから，△OAB，△OBC，△OCA は二等辺三角形である。二等辺三角形の底角は等しいから

$\angle OAB = \angle OBA = x$

$\angle OCB = \angle OBC = 30°$

$\angle OCA = \angle OAC = 35°$

△ABC の内角の和は 180° であるから

$(x+35°)+(x+30°)+(30°+35°)=180°$

整理すると $2x=50°$ よって $\boldsymbol{x=25°}$

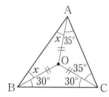

61a 標準 次の図の点Oは △ABC の外心である。x，y を求めよ。

(1)

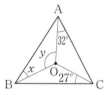

61b 標準 次の図の点Oは △ABC の外心である。x，y を求めよ。

(1)

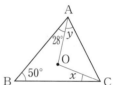

(2)

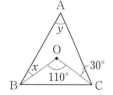

(2)

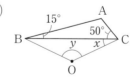

KEY 40
三角形の内心

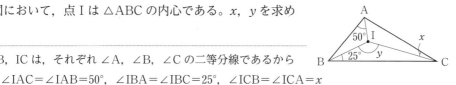

① 三角形の3つの内角の二等分線は1点で交わる。
② どんな三角形でも，その3辺に接する円が1つある。

内接円 — 内心

例 51 右の図において，点 I は △ABC の内心である。x，y を求めよ。

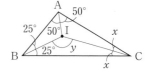

解答 IA，IB，IC は，それぞれ ∠A，∠B，∠C の二等分線であるから

$\angle IAC = \angle IAB = 50°$，$\angle IBA = \angle IBC = 25°$，$\angle ICB = \angle ICA = x$

△ABC の内角の和は 180° であるから

$(50° + 50°) + (25° + 25°) + (x + x) = 180°$

整理すると $2x = 30°$ よって $\boldsymbol{x = 15°}$

△IBC の内角の和は 180° であるから $y + 25° + x = 180°$

よって $\boldsymbol{y = 155° - x = 155° - 15° = 140°}$

62a 標準 次の図において，点 I は △ABC の内心である。x，y を求めよ。

(1)

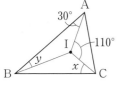

(2)

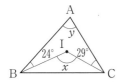

62b 標準 次の図において，点 I は △ABC の内心である。x，y を求めよ。

(1)

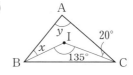

(2)

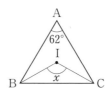

検
印

① 三角形の3本の中線は1点で交わる。この点を重心という。
② 三角形の重心は，3本の中線をそれぞれ2:1に内分する。

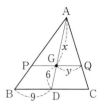

重心

例 52 右の図において，線分 AD，PQ は △ABC の重心 G を通り，PQ∥BC である。x，y を求めよ。

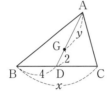

解答　点Gは △ABC の重心であるから　　AG：GD=2：1

よって　　x：6=2：1　　　したがって　　$x=12$

また，点Dは辺 BC の中点であるから　　DC=9

GQ∥DC であるから　　AG：AD=GQ：DC

AG：AD=2：3 であるから　　GQ：DC=2：3

よって　　y：9=2：3　　　3y=18　　　したがって　　$y=6$

63a 基本 右の図におい
て，線分 AD は △ABC の
重心 G を通る。
x，y を求めよ。

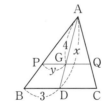

63b 基本 右の図におい
て，線分 BD は △ABC の
重心 G を通る。
x，y を求めよ。

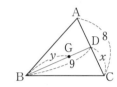

64a 標準 右の図に
おいて，線分 AD，PQ は
△ABC の重心 G を通り，
PQ∥BC である。
x，y を求めよ。

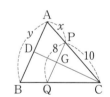

64b 標準 右の図に
おいて，線分 CD，PQ は
△ABC の重心 G を通り，
PQ∥AB である。
x，y を求めよ。

例題 11 三角形の辺と角の大小関係

次の問いに答えよ。

(1) AB=5，BC=6，CA=8 である △ABC において，∠A，∠B，∠C のうち最も大きい角は
どれか。

(2) 3辺の長さが次のような三角形は存在するかどうかを調べよ。

① 4，6，8   ② 5，9，2

- -

【ガイド】(1) △ABC において， AB>AC $\iff$ ∠C>∠B

(2) 三角形の2辺の和は，他の1辺より大きい。

すなわち，正の実数 a，b，c が $a+b>c$ かつ $b+c>a$ かつ $c+a>b$ を満たす。

$\iff$ 正の実数 a，b，c を3辺にもつ三角形が存在する。

解答 (1) CA>BC>AB であるから ∠B>∠A>∠C

よって，最も大きい角は **∠B** である。

(2) ① $a=4$，$b=6$，$c=8$ とすると，次のいずれも成り立つ。

$$a+b>c,\ b+c>a,\ c+a>b$$

◀ 4+6>8, 6+8>4, 8+4>6

よって，3辺の長さが4，6，8の三角形は**存在する**。

② $a=5$，$b=9$，$c=2$ とすると $c+a<b$

◀ 2+5<9

よって，3辺の長さが5，9，2の三角形は**存在しない**。

◀ 満たさないものが1つでも
あれば存在しない。

練習 11 次の問いに答えよ。

(1) 次の △ABC において，∠A，∠B，∠C のうち最も大きい角はどれか。

① AB=7，BC=3，CA=5   ② AB=10，BC=11，CA=13

(2) 3辺の長さが次のような三角形は存在するかどうかを調べよ。

① 3，5，7   ② 13，6，5   ③ 3，7，10

考えてみよう 8 ∠A=110°，AB=7，CA=8 である △ABC おいて，∠A，∠B，∠C の大小を，
不等号を用いて表してみよう。

例題 12 メネラウスの定理・チェバの定理

次の図において，x を求めよ。

(1)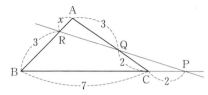

(2)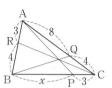

【ガイド】 (1) メネラウスの定理を利用する。

(2) チェバの定理を利用する。

1 メネラウスの定理

ある直線が，△ABC の 3 辺 BC，CA，AB またはそれらの延長上で
それぞれ点 P，Q，R で交わるならば

$$\frac{BP}{PC} \cdot \frac{CQ}{QA} \cdot \frac{AR}{RB} = 1$$

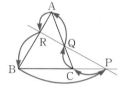

2 チェバの定理

△ABC の 3 辺 BC，CA，AB 上にそれぞれ点 P，Q，R があり，
3 直線 AP，BQ，CR が 1 点で交わるならば

$$\frac{BP}{PC} \cdot \frac{CQ}{QA} \cdot \frac{AR}{RB} = 1$$

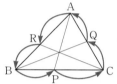

解 答 (1) メネラウスの定理により　　　$\dfrac{9}{2} \cdot \dfrac{2}{3} \cdot \dfrac{x}{3} = 1$　　　よって　**$x=1$**

(2) チェバの定理により　　　$\dfrac{x}{3} \cdot \dfrac{4}{8} \cdot \dfrac{3}{4} = 1$　　　よって　**$x=8$**

練習 12 次の図において，x を求めよ。

(1)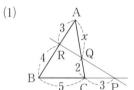

(2)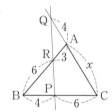

(3)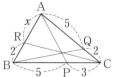

(4)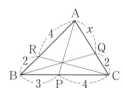

例題 13　三角形の面積と比

右の図において，△ABC の面積が30であるとき，次の三角形の面積を求めよ。

(1)　△ABD

(2)　△PBD

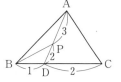

【ガイド】 高さが等しい2つの三角形の面積の比は，底辺の長さの比に等しい。

(1)　△ABD と △ABC の面積の比を考える。

(2)　まず，△PBD と △ABD の面積の比を考える。

解答 (1)　△ABD と △ABC は高さが等しいから

$$△ABD：△ABC＝BD：BC＝1：3$$

よって　　$△ABD＝\dfrac{1}{3}△ABC＝\dfrac{1}{3}×30＝\textbf{10}$

(2)　$△PBD：△ABD＝PD：AD＝2：5$

よって　　$△PBD＝\dfrac{2}{5}△ABD＝\dfrac{2}{5}×10＝\textbf{4}$

練習 13

右の図において，線分 BE，CF は中線である。△ABC の面積が18であるとき，次の三角形の面積を求めよ。

(1)　△BCF

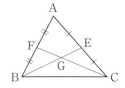

(2)　△BGF

(3)　△CEG

1 円周角の定理

KEY 42
円周角の定理

① 1つの弧に対する円周角の大きさは，その弧に対する中心角の半分である。

② 同じ弧に対する円周角の大きさは等しい。

◀ $\angle APB = \angle AQB = \dfrac{1}{2} \angle AOB$
（円周角）　（円周角）　（中心角）

例 53 右の図において，点Oは円の中心である。x, y を求めよ。

解答 線分 AC は円Oの直径であるから　∠ABC＝90°　　◀半円の弧に対する

よって　　$x = 180° - (90° + 40°) = 50°$　　円周角は 90°

同じ弧に対する円周角は等しいから　　∠ADB＝∠ACB＝40°

よって　　$y = 45° + 40° = 85°$　　◀三角形の外角は，その隣りにない2つの内角の和に等しい。

65a 基本 次の図において，点Oは円の中心である。x, y を求めよ。

(1)

(2)
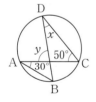

(3)
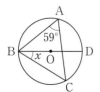

65b 基本 次の図において，点Oは円の中心である。x, y を求めよ。

(1)

(2)

(3)

KEY 43
円周角の定理の逆

2点C, Dが直線ABについて同じ側にあって,

$$\angle ACB = \angle ADB$$

ならば, 4点A, B, C, Dは同一円周上にある。

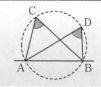

例 54 右の図において, 4点A, B, C, Dは同一円周上にあるか。

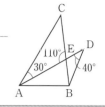

解答 △ACEにおいて $\angle ACE = 180° - (30° + 110°) = 40°$

よって $\angle ACB = \angle ADB$

したがって, 4点A, B, C, Dは同一円周上にある。

66a 基本 次の図において, 4点A, B, C, D
は同一円周上にあるか。

(1)

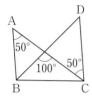

(2)

A
65°
B 85°
D 55°
C

66b 基本 次の図において, 4点A, B, C, D
は同一円周上にあるか。

(1)

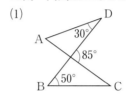

(2)

D
30° 80°
A Q
P 40° C
B

考えてみよう 9 平行四辺形ABCDを対角線ACで折って, 点Bの移った点
をEとする。このとき, 4点A, C, D, Eは同一円周上にあるか考えてみよう。

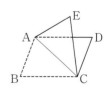

2 円に内接する四角形

KEY 44

円に内接する四角形

四角形が円に内接するならば，
1 対角の和は $180°$ である。
2 内角は，その対角の外角に等しい。

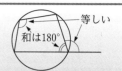

例 55 右の図において，x，y を求めよ。

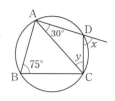

解答 内角は，その対角の外角に等しいから $x=75°$

また，△ACD において $30°+y=x$

よって $y=x-30°=75°-30°=45°$

67a 基本 次の図において，x，y を求めよ。ただし，(2)で点Oは円の中心とする。

(1)

(2)

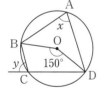

67b 基本 次の図において，x，y を求めよ。ただし，(2)で点Oは円の中心とする。

(1)

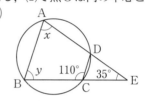

(2)

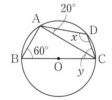

考えてみよう 10 右の図において，x，y を求めてみよう。

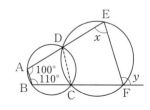

KEY 45

四角形が円に内接する条件

次のいずれかが成り立つとき，四角形は円に内接する。

① 1組の対角の和が 180° である。

② 1つの内角が，その対角の外角に等しい。

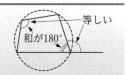

等しい
和が180°

例 56 右の四角形 ABCD は円に内接するか。

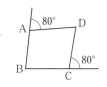

解答 ∠BAD＝180°－80°＝100°

よって，∠BAD は，その対角の外角に等しくない。

したがって，四角形 ABCD は円に内接しない。

68a 基本 次の四角形 ABCD は円に内接するか。

(1)

(2)

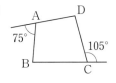

(3)

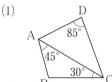

68b 基本 次の四角形 ABCD は円に内接するか。

(1)

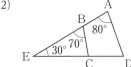

(2)

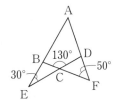

(3)

3 円と接線

接線の長さ

円外の点Pから，その円に引いた2本
の接線の長さPA，PBは等しい。

$$PA=PB$$

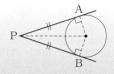

例 57 右の図において，点D，E，Fは △ABC の各辺と内接円Oとの接
点である。x，y を求めよ。

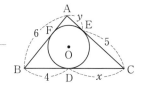

解答 CD=CE より　　$x=5$　　　　AE=AF より　　$y=AF$
また，BF=BD=4 であるから　　AF=AB−BF=6−4=2
よって　　$y=2$

69a 基本 右の図におい
て，点D，E，Fは △ABC
の各辺と内接円Oとの接点
である。x，y を求めよ。

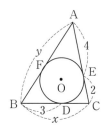

69b 基本 右の図におい
て，点D，E，Fは △ABC
の各辺と内接円Oとの接点
である。x を求めよ。

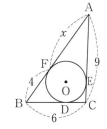

70a 標準 右の図に
おいて，点D，E，Fは
△ABC の各辺と内接
円Oとの接点である。
次の問いに答えよ。

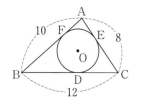

(1) AF=x とするとき，BD，CD の長さをxで
表せ。

70b 標準 右の図に
おいて，点D，E，Fは
△ABC の各辺と内接
円Oとの接点である。
次の問いに答えよ。

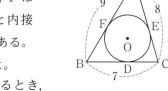

(1) BD=x とするとき，
AE，CE の長さをxで表せ。

(2) 線分 AF の長さを求めよ。

(2) 線分 BD の長さを求めよ。

4 円の接線と弦の作る角

KEY 47
円の接線と弦の作る
角の性質

円の接線と接点を通る弦の作る角は，
この角の内部にある弧に対する円周
角に等しい。

例 58 右の図において，x, y を求めよ。ただし，直線 AT は点Aで円に
接し，BA＝BD とする。

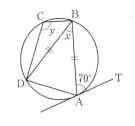

|解答| 円の接線と弦の作る角の性質により　　∠BDA＝70°
△BDA は二等辺三角形であるから　　∠BAD＝∠BDA＝70°
△BDA の内角の和は 180° であるから　　x＝180°－(70°＋70°)＝**40°**
また，四角形 ABCD は円に内接するから　y＋70°＝180°
よって　　**y＝110°**

71a 基本 次の図において，直線 AT が点Aで
円に接しているとき，x, y を求めよ。ただし，(2)
で AC＝BC，(3)で点Oは円の中心とする。

(1)

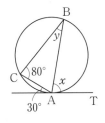

(2)
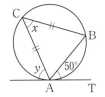

(3)
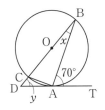

71b 基本 次の図において，直線 AT が点Aで
円に接しているとき，x, y を求めよ。ただし，(1)
で点Oは円の中心，(2)で BA＝BC とし，(3)で直
線 PA, PC はそれぞれ点 A, C で円に接している。

(1)

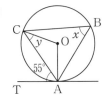

(2)
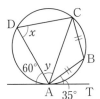

(3)
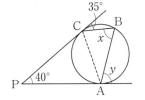

5 方べきの定理

PA·PB＝PC·PD	PA·PB＝PT² （T は接点）

例 59 右の図において，x を求めよ。

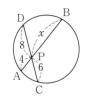

解答　方べきの定理により，PA·PB＝PC·PD であるから

$$4 \cdot x = 6 \cdot 8$$

よって　$x=12$

72a 基本 次の図において，x を求めよ。ただし，(2)で PD＝PC とする。

(1)

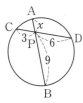

72b 基本 次の図において，x を求めよ。ただし，(2)で点Oは円の中心とする。

(1)

(2)

(2)

例 60 右の図において，x を求めよ。

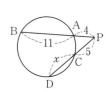

解答　方べきの定理により，PA·PB＝PC·PD であるから

$$4 \cdot (4+11) = 5 \cdot (5+x)$$

すなわち　$4 \cdot 15 = 5(5+x)$　　よって　$x=7$

73a 基本 次の図において，x を求めよ。

(1)
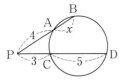

(2)
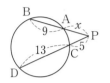

73b 基本 次の図において，x を求めよ。ただし，(2)で点 O は円の中心とする。

(1)
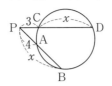

(2)
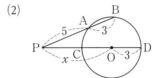

例 61 右の図において，直線 PT が点 T で円に接しているとき，x を求めよ。

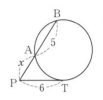

解答 方べきの定理により，$PA \cdot PB = PT^2$ であるから $\qquad x(x+5) = 6^2$

よって $\qquad x^2 + 5x - 36 = 0 \qquad (x+9)(x-4) = 0$

$x > 0$ であるから $\qquad \boldsymbol{x = 4}$

74a 基本 次の図において，直線 PT が点 T で円に接しているとき，x を求めよ。

(1)
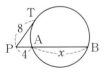

(2)

74b 基本 次の図において，直線 PT が点 T で円に接しているとき，x を求めよ。ただし，(2)で点 O は円の中心とする。

(1)
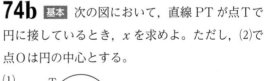

(2)
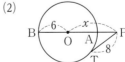

6 2つの円

KEY 49
2つの円の位置関係

2つの円 O, O' の半径をそれぞれ r, r' $(r>r')$ とし，中心間の距離を d とする。

① 離れている
$d>r+r'$
共有点はない

② 外接する
$d=r+r'$
共有点は1個

③ 2点で交わる
$r-r'<d<r+r'$
共有点は2個

④ 内接する
$d=r-r'$
共有点は1個

⑤ 一方が他方を含む
$d<r-r'$
共有点はない

例 62 半径7の円 O と半径5の円 O' において，中心間の距離を d とする。O と O' が離れているとき，d の値の範囲を求めよ。

解答 $d>7+5$ 　よって 　$d>12$ 　　◀$d>r+r'$

75a 基本 例62において，2つの円の位置関係が次のようになるとき，d の値，または d の値の範囲を求めよ。

(1) 外接する。

(2) 2点で交わる。

(3) 一方が他方を含む。

75b 基本 半径4の円 O と半径9の円 O' において，中心間の距離を d とする。O と O' の位置関係が次のようになるとき，d の値，または d の値の範囲を求めよ。

(1) 内接する。

(2) 離れている。

(3) 2点で交わる。

KEY 50

共通接線

2つの円の両方に接する直線を，2つの円の共通接線という。
2つの円に異なる接点をもつ共通接線が引ける場合，2つの接点の間の長さは，三平方の定理を利用して求めることができる。

例 63 右の図において，2つの円 O，O′ は外接し，直線 AB は2つの円 O，O′ の共通接線で，A，B は接点である。線分 AB の長さを求めよ。

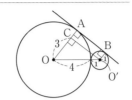
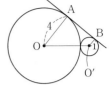

解答 点 O′ から線分 OA に垂線 O′C を引くと，
四角形 ACO′B は長方形である。
$$OC=4-1=3, \quad OO'=4+1=5$$
であるから，△OO′C において，
三平方の定理により $\quad 3^2+O'C^2=5^2$
よって $\quad AB=O'C=\sqrt{5^2-3^2}=\sqrt{16}=4$

3章 図形の性質

76a 標準 次の図において，直線 AB は2つの円 O，O′ の共通接線で，A，B は接点である。線分 AB の長さを求めよ。ただし，(2)で円 O，O′ は外接している。

(1)

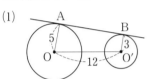

(2)

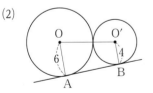

76b 標準 次の図において，直線 AB は2つの円 O，O′ の共通接線で，A，B は接点である。線分 AB の長さを求めよ。

(1)

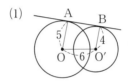

(2)

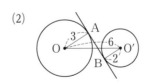

検印

67

例題 14 　円の接線の長さの利用

右の図の直角三角形 ABC において，内接円Oと各辺との接点を
D，E，F とする。円Oの半径を r として，次の問いに答えよ。

(1) 辺 AB，AC の長さを r を用いて表せ。

(2) r の値を求めよ。

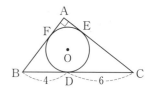

【ガイド】 (1) 四角形 AFOE は，1辺の長さが r の正方形である。

　　　　　 (2) △ABC において，三平方の定理により r の方程式を導く。

解答 (1) 四角形 AFOE は正方形になるから

$$AF=r, \quad AE=r$$

　　　　また　　$BF=BD=4, \quad CE=CD=6$

　　　　よって　$AB=AF+FB=r+4$

　　　　　　　　$AC=AE+EC=r+6$

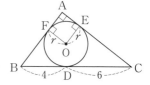

(2) △ABC において，三平方の定理により

$$(r+4)^2+(r+6)^2=10^2$$

$$r^2+10r-24=0$$

$$(r+12)(r-2)=0$$

$r>0$ であるから　　$r=2$

練習 14

右の図の直角三角形 ABC において，内接円Oと各辺との
接点を D，E，F とする。円Oの半径 r の値を求めよ。

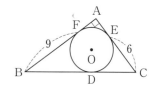

例題 **15** 証明問題

点Pで外接する2つの円 O, O′ がある。
点Pを通る2本の直線が2つの円と交わる点を，右の図のように A, B および C, D とするとき，AC∥DB であることを証明せよ。

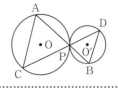

【ガイド】 2つの円の共通接線を引き，円の接線と弦の作る角の性質から，錯角が等しいことを示す。

証明 右の図のように，2つの円 O, O′ の共通接線 TPT′ を引く。

円の接線と弦の作る角の性質により

$$\angle ACP = \angle APT \qquad ◀弧 AP に対して$$
$$\angle BDP = \angle BPT′ \qquad ◀弧 BP に対して$$

ここで，∠APT＝∠BPT′ であるから

$$\angle ACP = \angle BDP$$

錯角が等しいから，AC∥DB である。

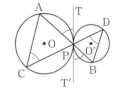

練習 **15**

右の図のように，2点 A, B で交わる2つの円 O, O′ と円 O 上の点 C における接線 TT′ がある。直線 CA, CB と円 O′ の交点をそれぞれ D, E とするとき，TT′∥DE であることを証明せよ。

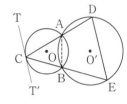

1 空間における直線・平面の位置関係

KEY 51

2直線のなす角

2直線 ℓ, m が同一平面上にあって交わる場合には，その平面上で交わる角 θ が，2直線 ℓ, m のなす角である。

2直線 ℓ, m がねじれの位置にある場合には，ℓ 上の1点Pを通り，m と平行な直線を m' とすると，ℓ と m' のなす角 θ が，2直線 ℓ, m のなす角である。

例 64 右の図の直方体 ABCD-EFGH において，次の2直線のなす角を求めよ。

(1) AD と CG

(2) AF と HG

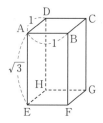

解答

(1) 直線 CG を平行移動すると，直線 DH に重なるから，2直線 AD と CG のなす角は **90°** である。

(2) 直線 HG を平行移動すると，直線 EF に重なる。

$$AF = \sqrt{1^2 + (\sqrt{3})^2} = 2$$

であるから，2直線 AF と EF のなす角は 60° である。

よって，2直線 AF と HG のなす角は **60°** である。

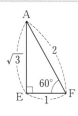

77a 基本 例64の直方体において，次の2直線のなす角を求めよ。

(1) BF と HG

(2) CF と EH

(3) AC と HF

77b 基本 右の図の三角柱 ABC-DEF において，次の2直線のなす角を求めよ。

(1) AB と EF

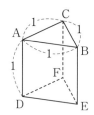

(2) AB と CF

(3) AE と CF

2平面 α, β が交わるとき，交線 ℓ 上の1点Oを通り，ℓ に垂直な直線 OA，OB をそれぞれ α, β 上に引く。この2直線 OA，OB のなす角 θ を，2平面 α, β のなす角という。

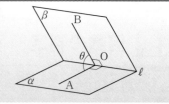

例 65 立方体 ABCD–EFGH において，平面 EFGH と平面 AFGD のなす角を求めよ。

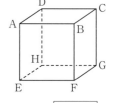

解答 直線 FE，FA は，それぞれ平面 EFGH，平面 AFGD 上にあり，ともに2平面の交線 FG に垂直である。

2直線 FE，FA のなす角は $45°$ であるから，平面 EFGH と平面 AFGD のなす角は $45°$ である。

78a 基本 例65の立方体において，次の2平面のなす角を求めよ。

(1) 平面 AEHD と平面 DHGC

78b 基本 右の図の直方体 ABCD–EFGH において，次の2平面のなす角を求めよ。

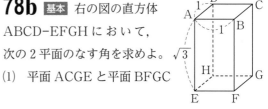

(1) 平面 ACGE と平面 BFGC

(2) 平面 ABCD と平面 EBCH

(2) 平面 EFCD と平面 CDHG

1 倍数の判定

自然数 n の一の位の数が，
　　0または偶数であれば，n は2の倍数である。
　　0または5であれば，n は5の倍数である。

例 66 次の数のうち，2の倍数を選べ。また，5の倍数を選べ。
　　　　　① 82　　② 175　　③ 630　　④ 2356

解答　2の倍数は，一の位の数が0または偶数であるから　　①，③，④
　　　5の倍数は，一の位の数が0または5であるから　　　②，③

79a 基本 次の数のうち，2の倍数を選べ。ま
た，5の倍数を選べ。
① 95　② 276　③ 810　④ 1318

79b 基本 次の数のうち，2の倍数を選べ。ま
た，5の倍数を選べ。
① 372　② 554　③ 1115　④ 5700

自然数 n の下2桁が4の倍数であれば，n は4の倍数である。

例 67 次の数のうち，4の倍数を選べ。
　　　　　① 452　　② 278　　③ 2340　　④ 5194

解答　下2桁が4の倍数であるものは　　①，③

80a 基本 次の数のうち，4の倍数を選べ。
① 96　② 850　③ 1174　④ 6168

80b 基本 次の数のうち，4の倍数を選べ。
① 732　② 808　③ 930　④ 4000

KEY 55
3の倍数・9の倍数の判定法

各位の数の和が3の倍数である整数は，3の倍数である。
各位の数の和が9の倍数である整数は，9の倍数である。

例 68 次の数のうち，3の倍数を選べ。また，9の倍数を選べ。

① 87 ② 720 ③ 985 ④ 4284

解答 それぞれの数について，各位の数の和を求めると，次のようになる。

①は 8＋7＝15 ②は 7＋2＋0＝9 ③は 9＋8＋5＝22 ④は 4＋2＋8＋4＝18

よって，3の倍数は①，②，④であり，9の倍数は②，④である。

81a 基本 次の数のうち，3の倍数を選べ。また，9の倍数を選べ。

① 75 ② 329 ③ 882 ④ 1599

81b 基本 次の数のうち，3の倍数を選べ。また，9の倍数を選べ。

① 418 ② 777 ③ 1260 ④ 6597

例 69 4桁の整数 □578が3の倍数であるとき，□に入る数字をすべて求めよ。

解答 □に入る数字を x とする。

各位の数の和 $x＋5＋7＋8＝x＋20$ は3の倍数である。

$1 \leqq x \leqq 9$ であるから $x＝1, 4, 7$ ◀ 4桁の整数であるから $x \neq 0$ **答** 1, 4, 7

82a 標準 4桁の整数 □817が3の倍数であるとき，□に入る数字をすべて求めよ。

82b 標準 5桁の整数 □6294が9の倍数であるとき，□に入る数字をすべて求めよ。

考えてみよう 11 次の数のうち，6の倍数を選んでみよう。

① 2319 ② 3156 ③ 5700 ④ 11582

KEY 56

余りによる分類

2以上の自然数 n に対して，すべての自然数は，次のいずれかの形で表すことができる。
$nk,\ nk+1,\ nk+2,\ \cdots\cdots,\ nk+n-1$ （k は 0 以上の整数）

例 70 n を自然数とする。$n(n+1)$ を 3 で割ったときの余りは 0 か 2 であることを証明せよ。

証明▶ 自然数 n は，適当な 0 以上の整数 k を用いて $n=3k,\ n=3k+1,\ n=3k+2$ のいずれかで表すことができる。

(i) $n=3k$ のとき

$$n(n+1)=3k(3k+1)$$

◀ k は整数より，$k(3k+1)$ は整数

よって，余りは 0 である。

(ii) $n=3k+1$ のとき

$$n(n+1)=(3k+1)\{(3k+1)+1\}=9k^2+9k+2=3(3k^2+3k)+2$$

◀ $3k^2+3k$ は整数

よって，余りは 2 である。

(iii) $n=3k+2$ のとき

$$n(n+1)=(3k+2)\{(3k+2)+1\}=3(3k+2)(k+1)$$

◀ $(3k+2)(k+1)$ は整数

よって，余りは 0 である。

(i)，(ii)，(iii)から，$n(n+1)$ を 3 で割ったときの余りは 0 か 2 である。

83a 標準 n を自然数とする。n^2+2 を 3 で割ったときの余りは 0 か 2 であることを証明せよ。

83b 標準 n を自然数とする。$n(n+1)$ を 4 で割ったときの余りは 0 か 2 であることを証明せよ。

3 ユークリッドの互除法

KEY 57
最大公約数

公約数……いくつかの自然数について，共通の正の約数
最大公約数……公約数のうち最大のもの

例 71 60と84の最大公約数を求めよ。

解答 $60 = 2^2 \times 3 \times 5$, $84 = 2^2 \times 3 \times 7$

よって，求める最大公約数は　$2^2 \times 3 = 12$

84a 基本 次の2つの数の最大公約数を求めよ。

(1) 18, 42

(2) 36, 108

84b 基本 次の2つの数の最大公約数を求めよ。

(1) 90, 135

(2) 72, 120

KEY 58
ユークリッドの互除法

次の定理を利用して，最大公約数を求める方法をユークリッドの互除法という。

〔定理〕2つの自然数 a, b について，$a > b$ とする。

a を b で割ったときの商を q，余りを r とすると，

① $r \neq 0$ のとき，a と b の最大公約数は，b と r の最大公約数に等しい。

② $r = 0$ のとき，a と b の最大公約数は b である。

例 72 ユークリッドの互除法を利用して，91と208の最大公約数を求めよ。

解答

$$208 = 91 \times 2 + 26$$
$$91 = 26 \times 3 + 13$$
$$26 = 13 \times 2 \qquad \text{◀余りが0になるまでくり返す。}$$

よって，91と208の最大公約数は **13**

$$
\begin{array}{r}
2 \\
13\overline{)26} \\
26 \\
\hline
0
\end{array}
\quad
\begin{array}{r}
3 \\
26\overline{)91} \\
78 \\
\hline
13
\end{array}
\quad
\begin{array}{r}
2 \\
91\overline{)208} \\
182 \\
\hline
26
\end{array}
$$

85a 基本 ユークリッドの互除法を利用して，
63と203の最大公約数を求めよ。

85b 基本 ユークリッドの互除法を利用して，
719と2294の最大公約数を求めよ。

KEY 59

互いに素

2つの自然数 m, n の最大公約数が1であるとき, m と n は互いに素であるという。

例 **73** 20以下の自然数の中で, 12と互いに素なものをすべて求めよ。

解答 12の素因数は2と3であるから, 2でも3でも割り切れなければ12と互いに素である。 ◀12＝$2^2 \times 3$
よって　　 1, 5, 7, 11, 13, 17, 19

86a 基本 15以下の自然数の中で, 20と互いに素なものをすべて求めよ。

86b 基本 20以下の自然数の中で, 42と互いに素なものをすべて求めよ。

検
印

KEY 60

既約分数

分母, 分子が互いに素である分数を既約分数という。ある分数が既約分数でないとき, 分母と分子の最大公約数で約分すれば, 既約分数になる。

例 **74** $\dfrac{189}{783}$ を既約分数で表せ。

解答 分母783と分子189の最大公約数は $783＝189 \times 4＋27$, $189＝27 \times 7$ から, 27である。
したがって　　 $\dfrac{189}{783} = \dfrac{27 \times 7}{27 \times 29} = \dfrac{7}{29}$

87a 基本 次の分数を既約分数で表せ。

(1) $\dfrac{119}{408}$

(2) $\dfrac{767}{351}$

87b 基本 次の分数を既約分数で表せ。

(1) $\dfrac{243}{432}$

(2) $\dfrac{372}{1023}$

考えてみよう 12 縦 427 cm，横 732 cm の長方形の板に，同じ大きさの正方形のタイルをすき間なく敷き詰めたい。正方形の 1 辺の長さは自由に選べるものとして，必要なタイルが最も少なくなるときの枚数を求めてみよう。

KEY 61
不定方程式

自然数 a，b が互いに素で，x，y を整数とする。
$ax=by$ ならば，x は b の倍数であり，y は a の倍数である。

例 75 不定方程式 $3x+11y=0$ を解け。

解答 方程式を変形すると　　$3x=11(-y)$　　……①　　　　　◀ $-11y=11(-y)$

3 と11は互いに素であるから，x は11の倍数である。

よって，整数 k を用いて $x=11k$ と表される。

これを①に代入すると　　$3\times 11k=11(-y)$　　　　よって　　$-y=3k$

したがって，求める整数解は　　$x=11k$，$y=-3k$　（k は整数）

88a 基本 次の不定方程式を解け。

(1)　$5x-13y=0$

(2)　$3(x+2)=4y$

88b 基本 次の不定方程式を解け。

(1)　$6x+5y=0$

(2)　$2x+7(y-1)=0$

不定方程式 $4x-7y=1$ を解け。

解答

$$4x-7y=1 \qquad \cdots\cdots ①$$

とおき，①の整数解の1つを求めると $\quad x=2,\ y=1$

よって $\qquad 4\times2-7\times1=1 \qquad \cdots\cdots ②$

①－②から $\quad 4(x-2)-7(y-1)=0$

すなわち $\qquad 4(x-2)=7(y-1) \qquad \cdots\cdots ③$

4と7は互いに素であるから，$x-2$ は7の倍数である。

よって，整数 k を用いて $x-2=7k$ と表される。

これを③に代入すると $\quad 4\times7k=7(y-1)$

よって $\qquad y-1=4k$

したがって，求める整数解は $\quad \boldsymbol{x=7k+2,\ y=4k+1} \quad (\boldsymbol{k}$ は整数$)$

◀整数解の1つを $x=-5,\ y=-3$ としてもよい。このとき解は $x=7k-5,\ y=4k-3$ (k は整数)となる。

◀自然数 $a,\ b$ が互いに素で，$x,\ y$ を整数とする。$ax=by$ ならば，x は b の倍数であり，y は a の倍数である。

89a **標準** 不定方程式 $2x-5y=1$ を解け。

89b **標準** 不定方程式 $7x+3y=1$ を解け。

考えてみよう \ 13 不定方程式 $4x-7y=2$ を解いてみよう。

4 　2進法

KEY 62

2進数

n 桁の2進数 $a_n a_{n-1} \cdots a_3 a_2 a_1$ は

$$a_n \times 2^{n-1} + a_{n-1} \times 2^{n-2} + \cdots + a_3 \times 2^2 + a_2 \times 2^1 + a_1$$

を意味している。ただし，$a_n \neq 0$

例 77 2進数の $10110_{(2)}$ を10進数で表せ。

解答　　$10110_{(2)} = 1 \times 2^4 + 0 \times 2^3 + 1 \times 2^2 + 1 \times 2^1 + 0 = 16 + 0 + 4 + 2 + 0 = \mathbf{22}$

90a 基本 次の2進数を10進数で表せ。

(1) $101_{(2)}$

(2) $110110_{(2)}$

90b 基本 次の2進数を10進数で表せ。

(1) $11111_{(2)}$

(2) $1011101_{(2)}$

例 78 10進数の15を2進数で表せ。

解答　　右の計算から

　　　　　 $15 = 1111_{(2)}$

$$
\begin{array}{r|r|l}
2) & 15 & \\
\hline
2) & 7 & 1 \\
\hline
2) & 3 & 1 \\
\hline
2) & 1 & 1 \\
\hline
 & 0 & 1
\end{array}
$$

91a 基本 次の10進数を2進数で表せ。

(1) 26

(2) 51

91b 基本 次の10進数を2進数で表せ。

(1) 64

(2) 110

検印

79

KEY 63
2進法で表された小数

2進法で表された小数 $0.b_1b_2b_3\cdots\cdots b_{n-1}b_n$ は

$$b_1\times\frac{1}{2^1}+b_2\times\frac{1}{2^2}+b_3\times\frac{1}{2^3}+\cdots\cdots+b_{n-1}\times\frac{1}{2^{n-1}}+b_n\times\frac{1}{2^n}$$

を意味している。ただし，$b_n\neq0$

例 79 2進法の小数 $0.101_{(2)}$ を10進法の小数で表せ。

解答 $0.101_{(2)}=1\times\dfrac{1}{2}+0\times\dfrac{1}{2^2}+1\times\dfrac{1}{2^3}=\dfrac{1}{2}+0+\dfrac{1}{8}=\dfrac{5}{8}=\mathbf{0.625}$

92a 基本 次の2進法の小数を10進法の小数で表せ。

(1) $0.11_{(2)}$

(2) $1.011_{(2)}$

92b 基本 次の2進法の小数を10進法の小数で表せ。

(1) $0.1001_{(2)}$

(2) $100.001_{(2)}$

考えてみよう 14 1，3，3^2，3^3，……を1つのまとまりとみる記数法を3進法といい，3進法で表された数を3進数という。たとえば，$2\times3^2+0\times3+1$ を3進数で表すと，$201_{(3)}$ である。

(1) $1202_{(3)}$ を10進数で表してみよう。

(2) 10進数の34を3進数で表してみよう。

例題 16　不定方程式の利用

9で割ると5余り，7で割ると6余る最小の自然数を求めよ。

【ガイド】 求める数を n とする。n を9，7で割った商をそれ
ぞれ a，b とし，a，b についての2元1次不定方程
式を作る。

> 2つの自然数 a と b に対して，
> $$a = bq + r,\ 0 \leqq r < b$$
> となる整数 q と r がただ一通りに決まる。
> このとき，q を，a を b で割ったときの商といい，
> r を**余り**という。

解答 求める数を n とおき，n を9，7で割った
商をそれぞれ a，b とおく。

このとき，$n = 9a + 5$，$n = 7b + 6$ となる。

$9a + 5 = 7b + 6$ から　　　$9a - 7b = 1$

この不定方程式を解くと　　　$a = 7k - 3$，$b = 9k - 4$　（k は整数）

よって　　　　　　　$n = 9a + 5 = 9(7k - 3) + 5 = 63k - 22$

n が最小の自然数となるのは $k = 1$ のときである。

したがって　　　$n = 63 \times 1 - 22 = 41$　　　　**答** 41

練習 16　17で割ると4余り，8で割ると5余る数について，次の問いに答えよ。

(1)　このような数のうち，最小の自然数を求めよ。

(2)　500以下の自然数の中で，このような数をすべて求めよ。

付録　整数の性質

検印

n は整数とする。次のことを証明せよ。

(1) 連続する 2 つの整数の積 $n(n+1)$ は 2 の倍数である。

(2) 連続する 3 つの整数の積 $n(n+1)(n+2)$ は 6 の倍数である。

【ガイド】 (1) 整数 n は，k を整数として，$2k$，$2k+1$ のいずれかの形に書ける。

それぞれの場合について，n，$n+1$ のいずれかが 2 の倍数であることを示す。

(2) 2 の倍数であり，3 の倍数であることを示す。

(1)より $n(n+1)(n+2)$ が 2 の倍数であることがいえるから，n を $3k$，$3k+1$，$3k+2$ で表し，それぞれの場合について，n，$n+1$，$n+2$ のいずれかが 3 の倍数であることを示す。

証明 k を整数とする。

(1) $n=2k$ のとき，n は 2 の倍数である。

$n=2k+1$ のとき $n+1=(2k+1)+1=2(k+1)$

よって，どの場合も $n(n+1)$ は 2 の倍数である。

(2) 2 の倍数かつ 3 の倍数であることを示せばよい。　　　◀ 2 と 3 は互いに素

(1)より，$n(n+1)(n+2)$ は 2 の倍数であるから，$n(n+1)(n+2)$ が 3 の倍数であることを示す。

$n=3k$ のとき，n は 3 の倍数である。

$n=3k+1$ のとき $n+2=(3k+1)+2=3(k+1)$

$n=3k+2$ のとき $n+1=(3k+2)+1=3(k+1)$

よって，どの場合も $n(n+1)(n+2)$ は 3 の倍数である。

したがって，$n(n+1)(n+2)$ は 6 の倍数である。

練習 17 n が整数のとき，$n(n-1)(2n-1)$ が 6 の倍数であることを証明せよ。

例題 18　2進数の加法・減法

次の式を計算せよ。

(1)　$1010_{(2)}+1110_{(2)}$

(2)　$1110_{(2)}-1001_{(2)}$

【ガイド】 計算の基礎は，右の加法表である。2でのくり上がり，くり下がりを考えると，10進数の場合と同様に，四則計算を筆算で行うことができる。

加法表

+	0	1
0	0	1
1	1	10

付録

整数の性質

解答

(1)　$1010_{(2)}+1110_{(2)}=\mathbf{11000}_{(2)}$

$$
\begin{array}{r}
1\ 0\ 1\ 0_{(2)} \\
+\ ①1①1①1\ 0_{(2)} \\
\hline
1\ 1\ 0\ 0\ 0_{(2)}
\end{array}
$$

2でくり上がる

(2)　$1110_{(2)}-1001_{(2)}=\mathbf{101}_{(2)}$

$$
\begin{array}{r}
1\ 1\ ⓪1\ ②0_{(2)} \\
-\ 1\ 0\ 0\ 1_{(2)} \\
\hline
1\ 0\ 1_{(2)}
\end{array}
$$

2くり下がる

別解 10進数になおして計算する。

(1)　$1010_{(2)}=1×2^3+0×2^2+1×2^1+0=10$

$1110_{(2)}=1×2^3+1×2^2+1×2^1+0=14$

であるから　$1010_{(2)}+1110_{(2)}=10+14=24$

$24=11000_{(2)}$ であるから

$1010_{(2)}+1110_{(2)}=11000_{(2)}$

$$
\begin{array}{r}
2\,)\,24 \\
2\,)\,12\quad 0 \\
2\,)\ \ 6\quad 0 \\
2\,)\ \ 3\quad 0 \\
2\,)\ \ 1\quad 1 \\
\hline
0\quad 1
\end{array}
$$

(2)　(1)より　$1110_{(2)}=14$

また　$1001_{(2)}=1×2^3+0×2^2+0×2^1+1=9$

であるから　$1110_{(2)}-1001_{(2)}=14-9=5$

$5=101_{(2)}$ であるから

$1110_{(2)}-1001_{(2)}=101_{(2)}$

$$
\begin{array}{r}
2\,)\,5 \\
2\,)\,2\quad 1 \\
2\,)\,1\quad 0 \\
\hline
0\quad 1
\end{array}
$$

練習 18

次の式を計算せよ。

(1)　$1001_{(2)}+1011_{(2)}$

(2)　$1111_{(2)}+1_{(2)}$

(3)　$1101_{(2)}-110_{(2)}$

(4)　$1110_{(2)}-1_{(2)}$

検印

解 答

1章 場合の数

1 節 ‖ 数え上げの原則

1a $A=\{1,\ 2,\ 3,\ 4,\ 6,\ 9,\ 12,\ 18,\ 36\}$

1b $A=\{8,\ 16,\ 24,\ 32,\ 40,\ 48\}$

2a $B \subset A$

2b $A \subset B$

3a $A \cap B=\{1,\ 3,\ 5\}$,
$A \cup B=\{1,\ 2,\ 3,\ 4,\ 5,\ 7,\ 9\}$

3b $A \cap B=\{1,\ 3,\ 5,\ 15\}$,
$A \cup B=\{1,\ 2,\ 3,\ 5,\ 6,\ 10,\ 15,\ 30\}$

4a (1) $\overline{A}=\{1,\ 3,\ 5,\ 7,\ 9\}$
(2) $\overline{B}=\{1,\ 2,\ 3,\ 6,\ 7,\ 9,\ 10\}$
(3) $\overline{A \cup B}=\{1,\ 3,\ 7,\ 9\}$

4b (1) $\overline{A}=\{1,\ 2,\ 3,\ 6\}$
(2) $\overline{B}=\{1,\ 30\}$
(3) $\overline{A \cap B}=\{1,\ 2,\ 3,\ 6,\ 30\}$

5a (1) 8   (2) 12

5b (1) 10   (2) 14

6a 42個

6b 88個

7a (1) 4個   (2) 43個

7b (1) 8個   (2) 33個

8a (1) 85人   (2) 15人

8b (1) 28個   (2) 32個

9a 18個

9b 9通り

考えてみよう 1

12個

10a 9通り

10b 6通り

11a 9通り

11b 9通り

12a 30通り

12b 36通り

13a 24通り

13b 210通り

14a 6個

14b 9通り

考えてみよう 2

(1) 144通り   (2) 72通り

15a 12個

15b 8個

考えてみよう 3

18個

練習1 (1) 217   (2) 168

2 節 ‖ 順列・組合せ

16a (1) 6   (2) 840   (3) 10   (4) 1800

16b (1) 360   (2) 990   (3) 6   (4) 224

17a (1) 5040   (2) 504

17b (1) 48   (2) 56

18a (1) 840通り   (2) 120通り

18b (1) 120通り   (2) 720通り

19a (1) 120個   (2) 48個   (3) 24個

19b (1) 210個   (2) 120個   (3) 30個

20a (1) 1440通り   (2) 2400通り

20b (1) 144通り   (2) 48通り

21a (1) 81個   (2) 32通り

21b (1) 625通り   (2) 64通り

22a 120通り

22b 24通り

23a (1) 56   (2) 210   (3) 12   (4) 126

23b (1) 84   (2) 55   (3) 1   (4) $\dfrac{5}{28}$

24a (1) 36   (2) 780

24b (1) 560   (2) 100

25a (1) 126通り   (2) 66通り

25b (1) 120通り   (2) 1365通り

26a 120個

26b 210個

考えてみよう 4

20本

27a 1176通り

27b 40通り

28a (1) 252通り   (2) 126通り

28b (1) 2520通り   (2) 105通り

29a 210個

29b 280通り

30a 420通り

30b 34650通り

31a (1) 35通り   (2) 18通り

31b (1) 84通り   (2) 40通り

考えてみよう 5

26通り

練習2 (1) 100個   (2) 48個

練習3 (1) 1440通り   (2) 720通り

練習4 (1) 60個   (2) 150個

練習5 (1) 56通り   (2) 21通り   (3) 35通り

練習6 (1) 84通り   (2) 66通り   (3) 55通り

1 節┃確率の基本性質といろいろな確率

32a (1) $U=\{1,\ 2,\ 3,\ 4,\ 5,\ 6,\ 7,\ 8,\ 9\}$
　　 (2) $A=\{1,\ 3,\ 5,\ 7,\ 9\}$
　　 (3) $B=\{4,\ 8\}$

32b (1) $A=\{(グ,チ,チ),(チ,パ,パ),(パ,グ,グ)\}$
　　 (2) $B=\{(グ,\ グ,\ グ),\ (チ,\ チ,\ チ),$
　　　　 $(パ,\ パ,\ パ),\ (グ,\ チ,\ パ),$
　　　　 $(グ,\ パ,\ チ),\ (チ,\ グ,\ パ),$
　　　　 $(チ,\ パ,\ グ),\ (パ,\ グ,\ チ),$
　　　　 $(パ,\ チ,\ グ)\}$

33a $\dfrac{3}{10}$

33b $\dfrac{1}{5}$

34a $\dfrac{7}{36}$

34b $\dfrac{1}{4}$

35a $\dfrac{1}{21}$

35b $\dfrac{5}{14}$

36a $\dfrac{3}{10}$

36b $\dfrac{1}{2}$

37a $\dfrac{1}{3}$

37b $\dfrac{3}{10}$

38a $A\cap B=\{6,\ 12\}$
　　 $A\cup B=\{2,\ 3,\ 4,\ 6,\ 8,\ 9,\ 10,\ 12,\ 14,\ 15\}$

38b $A\cap B=\{1,\ 3\}$
　　 $A\cup B=\{1,\ 2,\ 3,\ 4,\ 5\}$

39a A と B, B と C

39b B と C

40a $\dfrac{8}{15}$

40b $\dfrac{1}{6}$

41a $\dfrac{27}{55}$

41b $\dfrac{1}{6}$

考えてみよう　6

$\dfrac{3}{44}$

42a $\dfrac{11}{25}$

42b $\dfrac{2}{5}$

43a $\dfrac{21}{25}$

43b $\dfrac{5}{6}$

44a $\dfrac{41}{55}$

44b $\dfrac{2}{3}$

45a $\dfrac{1}{6}$

45b $\dfrac{4}{25}$

46a $\dfrac{3}{10}$

46b $\dfrac{7}{20}$

考えてみよう　7

$\dfrac{1}{5}$

47a $\dfrac{8}{81}$

47b $\dfrac{15}{64}$

48a $\dfrac{5}{16}$

48b $\dfrac{27}{64}$

49a $\dfrac{7}{27}$

49b $\dfrac{73}{729}$

50a $\dfrac{4}{7}$

50b $\dfrac{5}{9}$

51a $\dfrac{3}{28}$

51b $\dfrac{2}{15}$

52a $\dfrac{4}{15}$

52b $\dfrac{4}{9}$

53a 725円

53b 45円

54a $\dfrac{15}{8}$ 個

54b $\dfrac{3}{5}$ 本

55a 有利である。

55b 不利である。

練習7 $\dfrac{81}{125}$

練習8 (1) $\dfrac{160}{729}$ 　　　　　 (2) $\dfrac{80}{243}$

練習 9 (1) $\dfrac{17}{42}$　　(2) $\dfrac{8}{17}$

練習10 たこ焼きを販売する方が有利である。

3章　図形の性質

1 節‖ 三角形の性質

56a (1) $x=4$, $y=20$　(2) $x=3$, $y=10$
56b (1) $x=10$, $y=12$　(2) $x=21$, $y=16$
57a (1) $2:3$　　(2) $5:3$
57b (1) $2:1$　　(2) $2:3$
58a

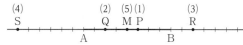

58b

59a (1) $x=6$　(2) $x=8$　(3) $x=5$
59b (1) $x=18$　(2) $x=20$　(3) $x=6$
60a (1) $x=6$　　(2) $x=7$
60b (1) $x=10$　　(2) $x=4$
61a (1) $x=31°$, $y=118°$ (2) $x=25°$, $y=55°$
61b (1) $x=22°$, $y=40°$ (2) $x=25°$, $y=130°$
62a (1) $x=40°$, $y=20°$ (2) $x=127°$, $y=74°$
62b (1) $x=25°$, $y=90°$ (2) $x=121°$
63a $x=8$, $y=4$
63b $x=4$, $y=6$
64a $x=6$, $y=2$
64b $x=5$, $y=12$
練習11 (1) ① ∠C
　　　　　② ∠B
　　　　(2) ① 存在する。
　　　　　② 存在しない。
　　　　　③ 存在しない。

考えてみよう 8
∠A＞∠B＞∠C

練習12 (1) $x=4$　　(2) $x=8$
　　　　(3) $x=3$　　(4) $x=3$
練習13 (1) 9　　(2) 3　　(3) 3

2 節‖ 円の性質

65a (1) $x=48°$, $y=96°$ (2) $x=30°$, $y=80°$
　　　(3) $x=31°$
65b (1) $x=115°$　(2) $x=35°$, $y=15°$
　　　(3) $x=74°$
66a (1) 同一円周上にある。
　　　(2) 同一円周上にない。
66b (1) 同一円周上にない。
　　　(2) 同一円周上にある。

考えてみよう 9
同一円周上にある。
67a (1) $x=100°$, $y=85°$ (2) $x=75°$, $y=75°$
67b (1) $x=70°$, $y=75°$ (2) $x=120°$, $y=70°$

考えてみよう 10
$x=80°$, $y=110°$
68a (1) 円に内接しない。 (2) 円に内接する。
　　　(3) 円に内接する。
68b (1) 円に内接しない。 (2) 円に内接する。
　　　(3) 円に内接する。
69a $x=5$, $y=7$
69b $x=7$
70a (1) BD$=10-x$, CD$=8-x$
　　　(2) AF$=3$
70b (1) AE$=9-x$, CE$=7-x$
　　　(2) BD$=4$
71a (1) $x=80°$, $y=30°$ (2) $x=50°$, $y=65°$
　　　(3) $x=20°$, $y=50°$
71b (1) $x=55°$, $y=35°$ (2) $x=70°$, $y=50°$
　　　(3) $x=70°$, $y=75°$
72a (1) $x=2$　　(2) $x=4$
72b (1) $x=11$　　(2) $x=4$
73a (1) $x=2$　　(2) $x=6$
73b (1) $x=9$　　(2) $x=7$
74a (1) $x=12$　　(2) $x=4$
74b (1) $x=4$　　(2) $x=10$
75a (1) $d=12$　(2) $2<d<12$ (3) $d<2$
75b (1) $d=5$　(2) $d>13$　(3) $5<d<13$
76a (1) $2\sqrt{35}$　　(2) $4\sqrt{6}$
76b (1) $\sqrt{35}$　　(2) $\sqrt{11}$
練習14 $r=3$
練習15
右の図のように、線分
AB を引く。
円の接線と弦の作る角の
性質により
　　∠ECT′＝∠BAC　……①
また、四角形 ABED は円に内接するから
　　∠BAC＝∠BED　……②
①、②より　∠ECT′＝∠BED
したがって、錯角が等しいから、TT′∥DE である。

3 節‖ 空間図形

77a (1) 90°　(2) 60°　(3) 90°
77b (1) 60°　(2) 90°　(3) 45°
78a (1) 90°　　(2) 45°
78b (1) 45°　　(2) 30°

79a 2 の倍数は②，③，④
5 の倍数は①，③

79b 2 の倍数は①，②，④
5 の倍数は③，④

80a ①，④

80b ①，②，④

81a 3 の倍数は①，③，④
9 の倍数は③

81b 3 の倍数は②，③，④
9 の倍数は③，④

82a 2，5，8

82b 6

考えてみよう 11
②，③

83a 自然数 n は，適当な 0 以上の整数 k を用いて
$$n=3k, \quad n=3k+1, \quad n=3k+2$$
のいずれかで表すことができる。

(i) $n=3k$ のとき
$$n^2+2=(3k)^2+2=9k^2+2$$
$$=3\cdot3k^2+2$$
よって，余りは 2 である。

(ii) $n=3k+1$ のとき
$$n^2+2=(3k+1)^2+2$$
$$=9k^2+6k+3$$
$$=3(3k^2+2k+1)$$
よって，余りは 0 である。

(iii) $n=3k+2$ のとき
$$n^2+2=(3k+2)^2+2$$
$$=9k^2+12k+6$$
$$=3(3k^2+4k+2)$$
よって，余りは 0 である。

(i)，(ii)，(iii) から，n^2+2 を 3 で割った余りは 0 か 2 である。

83b 自然数 n は，適当な 0 以上の整数 k を用いて
$$n=4k, \quad n=4k+1, \quad n=4k+2, \quad n=4k+3$$
のいずれかで表すことができる。

(i) $n=4k$ のとき
$$n(n+1)=4k(4k+1)$$
よって，余りは 0 である。

(ii) $n=4k+1$ のとき
$$n(n+1)=(4k+1)\{(4k+1)+1\}$$
$$=16k^2+12k+2$$
$$=4(4k^2+3k)+2$$
よって，余りは 2 である。

(iii) $n=4k+2$ のとき
$$n(n+1)=(4k+2)\{(4k+2)+1\}$$
$$=16k^2+20k+6$$
$$=4(4k^2+5k+1)+2$$

よって，余りは 2 である。

(iv) $n=4k+3$ のとき
$$n(n+1)=(4k+3)\{(4k+3)+1\}$$
$$=4(4k+3)(k+1)$$
よって，余りは 0 である。

(i)，(ii)，(iii)，(iv) から，$n(n+1)$ を 4 で割った余りは 0 か 2 である。

84a (1) 6 (2) 36

84b (1) 45 (2) 24

85a 7

85b 1

86a 1，3，7，9，11，13

86b 1，5，11，13，17，19

87a (1) $\dfrac{7}{24}$ (2) $\dfrac{59}{27}$

87b (1) $\dfrac{9}{16}$ (2) $\dfrac{4}{11}$

考えてみよう 12
84 枚

88a (1) $x=13k, \ y=5k$ （k は整数）
(2) $x=4k-2, \ y=3k$ （k は整数）

88b (1) $x=5k, \ y=-6k$ （k は整数）
(2) $x=7k, \ y=-2k+1$ （k は整数）

89a $x=5k+3, \ y=2k+1$ （k は整数）

89b $x=3k+1, \ y=-7k-2$ （k は整数）

考えてみよう 13
$x=7k+4, \ y=4k+2$ （k は整数）

90a (1) 5 (2) 54

90b (1) 31 (2) 93

91a (1) $11010_{(2)}$ (2) $110011_{(2)}$

91b (1) $1000000_{(2)}$ (2) $1101110_{(2)}$

92a (1) 0.75 (2) 1.375

92b (1) 0.5625 (2) 4.125

考えてみよう 14
(1) 47 (2) $1021_{(3)}$

練習16 (1) 21
(2) 21，157，293，429

練習17 k を整数とする。
$n=2k$ のとき，n は 2 の倍数である。
$n=2k+1$ のとき
$$n-1=(2k+1)-1=2k$$
よって，どの場合も $n(n-1)(2n-1)$ は 2 の倍数である。
したがって，$n(n-1)(2n-1)$ が 3 の倍数であることを示せばよい。
$n=3k$ のとき，n は 3 の倍数である。
$n=3k+1$ のとき
$$n-1=(3k+1)-1=3k$$
$n=3k+2$ のとき
$$2n-1=2(3k+2)-1=6k+3=3(2k+1)$$

よって，どの場合も $n(n-1)(2n-1)$ は 3 の倍数である。

したがって，$n(n-1)(2n-1)$ は 6 の倍数である。

練習18 (1) $10100_{(2)}$　　　　(2) $10000_{(2)}$

　　　　(3) $111_{(2)}$　　　　　(4) $1101_{(2)}$

新課程版　スタディ数学Ａ

2022年1月10日　初版　　第1刷発行

編　者　第一学習社編集部

発行者　松　本　洋　介

発行所　株式会社　第一学習社

東京：東京都千代田区二番町5番5号　〒102-0084　☎03-5276-2700
大阪：吹 田 市 広 芝 町 8 番 24 号　〒564-0052　☎06-6380-1391
広島：広島市西区横川新町7番14号　〒733-8521　☎082-234-6800

札　　幌☎011-811-1848　　仙台☎022-271-5313　　新潟☎025-290-6077
つくば☎029-853-1080　　東京☎03-5803-2131　　横浜☎045-953-6191
名古屋☎052-769-1339　　神戸☎078-937-0255　　広島☎082-222-8565
福　　岡☎092-771-1651

訂正情報配信サイト　26886-01
❶利用については，先生の指示にしたがってください。
❷利用に際しては，一般に，通信料が発生します。

https://dg-w.jp/f/b0253

書籍コード　26886-01

＊落丁，乱丁本はおとりかえいたします。
解答は個人のお求めには応じられません。

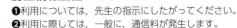

ISBN978-4-8040-2688-6　　　　　　ホームページ　http://www.daiichi-g.co.jp/

場合の数

1 和集合の要素の個数
$$n(A \cup B) = n(A) + n(B) - n(A \cap B)$$
とくに，$A \cap B = \varnothing$ のとき
$$n(A \cup B) = n(A) + n(B)$$

2 補集合の要素の個数
U を全体集合とすると　$n(\overline{A}) = n(U) - n(A)$

3 和の法則
同時に起こらない 2 つの事柄 A，B があるとする。A の起こり方が a 通り，B の起こり方が b 通りあるとき，A または B の起こる場合の数は，$a + b$ 通りある。

4 積の法則
2 つの事柄 A，B があって，A の起こり方が a 通りあり，そのそれぞれに対して B の起こり方が b 通りずつあるとき，A，B がともに起こる場合の数は，$a \times b$ 通りある。

5 順列の総数
$${}_n\mathrm{P}_r = n(n-1)(n-2) \cdots\cdots (n-r+1)$$

6 重複順列の総数
n 種類のものから r 個取る重複順列の総数は
$$n \times n \times \cdots\cdots \times n = n^r$$

7 円順列の総数
異なる n 個のものの円順列の総数は
$$\frac{{}_n\mathrm{P}_n}{n} = (n-1)!$$

8 組合せの総数
$${}_n\mathrm{C}_r = \frac{{}_n\mathrm{P}_r}{r!} = \frac{n(n-1)(n-2)\cdots\cdots(n-r+1)}{r(r-1)(r-2)\cdots\cdots 2 \cdot 1}$$

9 組合せに関する等式
$${}_n\mathrm{C}_r = {}_n\mathrm{C}_{n-r}$$

10 同じものを含む順列の総数
n 個のもののうち，同じものがそれぞれ p 個，q 個，r 個あるとき，これらのすべてを 1 列に並べる順列の総数は
$$\frac{n!}{p!\,q!\,r!} \qquad ただし \quad p+q+r=n$$

確　率

11 事象の確率
$$P(A) = \frac{事象 A が起こる場合の数}{起こり得るすべての場合の数}$$

12 確率の基本的な性質
① どのような事象 A についても
$$0 \leqq P(A) \leqq 1$$
② 全事象 U について　$P(U) = 1$
③ 空事象 $\varnothing$ について　$P(\varnothing) = 0$

13 確率の加法定理
事象 A と B が互いに排反であるとき
$$P(A \cup B) = P(A) + P(B)$$

14 一般の和事象の確率
$$P(A \cup B) = P(A) + P(B) - P(A \cap B)$$

15 余事象の確率
$$P(\overline{A}) = 1 - P(A)$$

16 独立な試行の確率
2 つの試行 T_1 と T_2 が互いに独立であるとき，T_1 で事象 A が起こり，T_2 で事象 B が起こる確率は
$$P(A) \times P(B)$$

17 反復試行の確率
1 回の試行で事象 A が起こる確率を p とする。この試行を n 回くり返すとき，事象 A が r 回だけ起こる確率は　${}_n\mathrm{C}_r p^r (1-p)^{n-r}$

18 確率の乗法定理
$$P(A \cap B) = P(A) \times P_A(B)$$

19 期待値
x が x_1, x_2, x_3, $\cdots\cdots$, x_n のいずれかの値をとり，これらの値をとる確率がそれぞれ p_1, p_2, p_3, $\cdots\cdots$, p_n であるとき
$$x_1 p_1 + x_2 p_2 + x_3 p_3 + \cdots\cdots + x_n p_n$$
の値を x の期待値という。
ただし　$p_1 + p_2 + p_3 + \cdots\cdots + p_n = 1$

x の値	x_1	x_2	x_3	$\cdots\cdots$	x_n	計
確率	p_1	p_2	p_3	$\cdots\cdots$	p_n	1